Ornamentvogelspinnen

Die Gattung *Poecilotheria*

Biologie • Pflege • Zucht • Erkrankungen

Henrik Krehenwinkel, Thomas Maerklin und Thorsten Kroes

mit 257 farbigen Abbildungen

Titelbild: *Poecilotheria metallica*. Foto: P. Klaas
Bild S. 1: *Poecilotheria metallica* blau-graue Variante. Foto: H. Krehenwinkel

Henrik Krehenwinkel
Thomas Maerklin
Thorsten Kroes

Ornamentvogelspinnen
Die Gattung *Poecilotheria*

Biologie, Pflege, Zucht, Erkrankungen

Offenbach: Herpeton, 2008
ISBN 3-936180-27-X

Rohrstr. 22, D-63075 Offenbach
Layout und Satz: Petra Schwarzmann und Elke Köhler
Lektorat: Helmut Diethert

Inhalt

Vorwort

Nur wenige Vogelspinnen haben in den letzten Jahren eine derartige Beachtung erfahren wie die Vertreter der Gattung *Poecilotheria*. Zu Beginn des letzten Jahrhunderts waren diese farbenprächtigen Tiere außerhalb ihrer Herkunftsländer Indien und Sri Lanka wohl allenfalls als exotische Kuriositäten bekannt.

Heute zählen sie zum festen Inventar in den Sammlungen von Liebhabern in aller Welt und sind aus unseren Terrarien nicht mehr wegzudenken. Die Entdeckung spektakulär gefärbter, neuer oder verschollen geglaubter Arten löste bei Terrarianern einen regelrechten Ansturm auf diese Tiere aus.

Die in diesem Zusammenhang zunehmenden Untersuchungen an *Poecilotheria*-Arten in der Natur förderten in den letzten Jahren einerseits überaus interessante Ausschnitte aus dem Verhaltensrepertoire der großen Spinnen zutage. Andererseits konnten unerwartete Einzelheiten über ihre geografische Verbreitung und Artendiversität offengelegt werden. So rückten vor allem ihre für Spinnen eher untypischen ausgeprägten sozialen Interaktionen in den Mittelpunkt. Doch trotz aller Neuentdeckungen steht die Forschung bei *Poecilotheria*, etwa zur Systematik, noch immer an ihren Anfängen. Und so warten weiterhin viele spannende Details auf ihre Entdeckung. Ähnlich verhält es sich in der Terrarienhaltung: Zwar sind *Poecilotheria*-Arten recht genügsame Pfleglinge, aber zur regelmäßigen Nachzucht mancher Arten ist ein (leider nur allzu oft) fehlendes Wissen um ihre natürlichen Lebensbedingungen unabdingbar.

Das Ziel der folgenden Ausführungen lautet daher, dem Leser eine Übersicht über die bisher bekannte Lebensweise der Gattung *Poecilotheria* zu vermitteln. Auf dieser Basis soll schließlich eine Grundlage zur erfolgreichen Pflege und Zucht dieser Tiere geboten werden.

Dabei werden vor allem eigene Erfahrungen aus der Terrarienhaltung, sowie Beobachtungen in *Poecilotheria*-Habitaten in Indien und Sri Lanka präsentiert. Darüber hinaus soll aber auch ein repräsentativer Überblick aus der Literatur geboten werden, die im Kontext des Buches wichtig erscheint.

Die im Buch verarbeiteten Naturbeobachtungen basieren auf gemeinsamen Reisen in die Herkunftsgebiete fast aller bisher bekannten *Poecilotheria*-Arten. Ohne Thorsten Kroes langjährige Indienerfahrung und seine Organisation vor Ort wären diese kaum möglich gewesen.

Auch sei auf Thomas Maerklins Fundort- und Literaturrecherchen hingewiesen, die so manche Reise erst zum Erfolg werden ließen.

Henrik Krehenwinkel hat das vorliegende Buch verfasst sowie die im Text verwendeten Hintergrundinformationen recherchiert.

Henrik Krehenwinkel, Dorsten
Thomas Maerklin, Amriswil
Thorsten Kroes, Wenden

im Juni 2007.

Biologie der Gattung *Poecilotheria*

Im ersten Abschnitt wird es primär um die Lebensweise von *Poecilotheria*-Arten, ihre Habitate und die dort vorherrschenden klimatischen Gegebenheiten gehen. Dem wird eine knappe Darstellung der Morphologie und Systematik der Vogelspinnengattung *Poecilo-theria* vorausgehen.

Habitus und Systematik der Gattung *Poecilotheria*

Erklärung der wichtigsten anatomischen Grundbegriffe

Vor dem Beginn des Kapitels „Habitus und Systematik“ seien zunächst einmal die im weiteren Verlauf wichtigen Grundbegriffe zur Vogelspinnenanatomie erläutert. Verfügt man bereits über Grundkenntnisse auf diesem Gebiet, kann dieser Textabschnitt getrost übersprungen werden.

Spinnen, so auch *Poecilotheria* spp. haben einen zweigeteilten Körper. Man unterscheidet den Hinterkörper oder auch Opisthosoma und den Vorderleib, der als Prosoma bezeichnet wird. An das Prosoma einer Spinne setzen 6 Paar Gliedmaßen an: Acht Laufbeine, zwei Taster (Pedipalpen) sowie die paarigen Kieferklauen (Chelizeren). Letztere sind in zwei Segmente unterteilt - Grundglied oder auch Basalglied und Klaue - und dienen dem Festhalten, Töten und Zerkleinern von Beutetieren sowie zur Verteidigung. Jedes Laufbein ist in 7 Segmente unterteilt, welche von der Spitze zur Basis des Beins wie folgt benannt werden: 1. Tarsus, 2. Metatarsus, 3. Tibia, 4. Patella, 5. Femur, 6. Trochanter, 7. Coxa. Geschlechtsreife Männchen vieler Vogelspinnenarten tragen sogenannte Tibiaapophysen (Schienbeinhaken) an der Tibia des ersten Laufbeinpaares. Dabei handelt es sich um hakenartige Strukturen, die bei der Paarung in die Chelizeren des Weibchens eingehakt werden und es so auf Distanz halten.

Die Taster sind den Beinen sehr ähnlich strukturiert. Ihnen fehlt jedoch der Metatarsus. Sie sind demzufolge nur 6-gliedrig. Geschlechtsreife Männchen tragen an den Tarsi der Taster jeweils ein Kopulationsorgan, den sogenannten Bulbus. Die Tastercoxa wird auch als Maxille bezeichnet. Zwischen Maxille und der sich anschließenden Chelizerenklaue tragen einige Vogelspinnenarten ein sogenanntes Stridulationsorgan. Es handelt sich dabei um Felder speziell geformter Haare, die beim Gegeneinanderreiben zischende Laute erzeugen können.

Das Prosoma (Vorderleib) einer Spinne ist auf seiner Rückenseite (= Dorsalseite) vom Dorsalschild bedeckt; auf der Unterseite (= Ventralseite) vom Sternum. Das Dorsalschild wölbt sich nach vorne hin zum Augenhügel auf. Der bietet bei den meisten Spinnen Platz für acht Augen.

Der Hinterleib (Opisthosoma) von Vogelspinnen verfügt ventral über 2 Paar Buchlungeneingänge, sowie eine als Epigastralfurche bezeichnete Geschlechtsöffnung. All diese Öffnungen lassen sich als fünf gut sichtbare Schlitze erkennen.

Hier liegt das Stridulationsorgan

Epigastralfurche

Abb. 1+2 *Poecilotheria striata* Weibchen, dorsale und ventrale Anatomie

1. Tarsus (mit Skopula)
2. Metatarsus (mit Skopula)
3. Tibia
4. Patella
5. Femur
6. Trochanter
7. Coxa
8. Opisthosoma
9. Dorsalschild
10. Chelizerenklauen
11. Taster (Pedipalpus)
12. Spinnwarzen
13. Sternum
14. Epigastralfurche

Ferner befinden sich zwei Paar Spinnwarzen auf der hinteren Bauchseite des Opisthosomas.

Weibliche Vogelspinnen sind in der Lage, das Sperma von Männchen in einer speziellen Samentasche, die auch Spermathek oder Receptaculum seminis genannt wird, zu speichern. Dieses Receptaculum befindet sich im Innern des Opisthosomas, oberhalb der Epigastralfurche.

Zudem ist wichtig zu wissen, wie man die Körperlänge einer Spinne im Allgemeinen misst. Dazu wird vom hinteren Ende des Opisthosomas, bis zum Vorderrand des Dorsalschildes gemessen. Spinnwarzen und Chelizeren werden nicht mitgemessen. Alle im weiteren Verlauf angegebenen Körperlängen basieren auf dieser Messmethode.

Stellung der Gattung *Poecilotheria* innerhalb der Theraphosidae

Innerhalb der Familie Theraphosidae, der echten Vogelspinnen, wird die Gattung *Poecilotheria* der Unterfamilie Selenocosmiinae zugerechnet (RAVEN, 1985, STRIFFLER, 2003b). Dieses Taxon zeichnet sich vor allem durch den Bau des Stridulationsorgans aus. Es besteht aus „zahlreichen stäbchenförmigen Setae auf der Tastercoxainnenseite, die gegen eine Reihe stacheliger Setae auf der Chelizerenaußenseite arbeiten“ (RAVEN, 1985). Die Selenocosmiinae umfassen asiatische, australische, und mit *Psalmopoeus* POCOCK 1895 sogar eine amerikanische Gattung. Neuen Forschungsergebnissen zufolge handelt es sich bei *Psalmopoeus* sogar um die Schwestergruppe von *Poecilotheria* (fide STRIFFLER 2005).

Poecilotheria-Arten Indiens	*Poecilotheria*-Arten Sri Lankas
Poecilotheria formosa POCOCK, 1899	*Poecilotheria fasciata* (LATREILLE, 1804)
P. hanumavilasumica SMITH, 2004	*P. ornata* POCOCK,1899
P. metallica POCOCK, 1899	*P. pederseni* KIRK, 2001
P. miranda POCOCK, 1900	*P. smithi* KIRK, 1996
P.regalis POCOCK, 1899	*P. subfusca* POCOCK, 1895
P. rufilata POCOCK, 1899	*P. uniformis* STRAND, 1913
P. striata POCOCK, 1895	
P. tigrinawesseli SMITH, 2006	

Tab. 1. Beschriebene *Poecilotheria*-Arten

Das heißt, beide Gattungen gehen als unmittelbare Nachkommen auf einen gemeinsamen Vorfahren zurück, sind also sehr nah verwandt.

Neben der Gruppierung in die Selenocosmiinae waren früher noch zwei weitere Einordnungen der Gattung *Poecilotheria* gebräuchlich, die hier der Vollständigkeit halber erwähnt sein sollen. ROEWER (1942) separierte *Poecilotheria* innerhalb der Selenocosmiinae in einer eigenständigen Untergruppe, den Poecilotherieae. SCHMIDT (1995) argumentierte aufgrund morphologischer Befunde und besonderer Verhaltensmerkmale für die Wiederaufstellung der bereits vor über 100 Jahren von Simon eingeführten Unterfamilie Poecilotheriinae. Zurzeit sind 14 *Poecilotheria*-Arten beschrieben, davon 8 aus Indien und 6 von Sri Lanka.

Abb. 3 Größenunterschied zwischen großer und kleiner *Poecilotheria*-Art am Beispiel von ausgewachsenen Weibchen von *P. subfusca* (links) und *P. tigrinawesseli* (rechts).

Habitus von *Poecilotheria spp.*

Allen *Poecilotheria*-Arten sind ein deutlicher Farb-Polymorphismus zwischen Adulti (geschlechtsreifen Tieren) und Jungtieren sowie ein ausgeprägter Sexualdichromatismus gemein. In folgenden Merkmalsbeschreibungen werden daher Weibchen, Männchen und Nymphen (noch nicht geschlechtsreife Spinnen) getrennt vorgestellt.

Habitus von Weibchen

Ausgewachsene Weibchen erreichen mit, je nach Art, 5 bis 7 cm Körperlänge und 15 bis fast 25 cm Beinspannweite eine beachtliche Größe. Viele Arten sind dabei recht gedrungen und massig gebaut, was ihre imposante Erscheinung verstärkt.

Es handelt sich um äußerst interessant und farbenprächtig gezeichnete Tiere. Darauf verweist schon der Gattungsname, *Poecilotheria*, der aus dem Griechischen übersetzt „buntes wildes Tier" bedeutet (WAGNER 2005).

Die Chelizerengrundglieder sind grau, beige, braun, schwarz, oder blaumetallisch. Diese Grundfarbe wird manchmal von fuchsroter Langbehaarung durchsetzt.

Beine und Taster sind dorsal abwechselnd hell und dunkel gebändert und mit Flecken versehen, bei den meisten Arten in den Farben weiß, schwarz und grau. Aber selbst Grün (*P. rufilata*) und metallisches Blau (*P. metallica*) kommen vor. Einige Arten besitzen dorsal zudem gelbe Ornamentzeichnungen längs der Tarsi und Metatarsi. Pro- und Opisthosoma erscheinen oberseits in verschiedenen Grau- oder Braunabstufungen bis hin zu einem tiefen Schwarz. Längs über das Dorsalschild ziehen zwei mehr oder weniger klar ausgeprägte schwarze Bänder, die am Augenhügel in einer „Maske" zusammenlaufen. Das Opisthosoma trägt dorsal eine weiße oder gelbe Längszeichnung, die schwarz umrandet ist. Diese Zeichnung ist strukturell mit einem Eichenblatt vergleichbar und wird daher auch als

Abb. 4+5 *Poecilotheria tigrinawesseli*-Weibchen in ihrem Lebensraum in Ostindien, man beachte die hervorragende Tarnung am Baum. Insbesondere auf größere Distanzen verschmelzen die Konturen der Tiere mit Baumrinde.

Abb. 6 *Poecilotheria metallica* vor einer Häutung: Das Tier ist nach der Häutung wieder metallisch blau. Nur ein Teil der adulten *P. metallica*-Weibchen zeigt einen derart ausgeprägten Farbwechsel vor einer Häutung.

Abb. 7 *Poecilotheria metallica* nach einer Häutung.

Abb. 8+9 Hervorragend getarntes *P. hanumavilasumica*-Weibchen an einer Palme in Südost-Indien. Die kontrastreiche Färbung des Tieres fügt sich hervorragend in den flechtenbewachsenen Palmstamm ein.

Folium (lateinisch "Blatt") bezeichnet. Ausgehend von der Umrandung des Foliums ziehen dünne, schwarze Querstreifen bis fast zur Bauchseite des Tieres.

Ihre ansprechende Oberseitenzeichnung verblasst oftmals vor der Häutung, dann wirken die Spinnen eher matt. Besonders evident ist das bei einer Farbvariante von *Poecilotheria metallica*, die dann einheitlich braun erscheint.

In Anbetracht der baumbewohnenden Lebensweise der Tiere, ist es sicher naheliegend, ihre kontrastreiche Dorsalmusterung als Tarnzeichnung auf Baumrinde zu interpretieren. Sitzen die Spinnen auf Bäumen, lösen sie sich aus einiger Entfernung betrachtet optisch auf und sind nur noch mit geschultem Auge zu erkennen. Ventral sind sowohl Vorder- als auch Hinterleib einheitlich kastanienbraun oder schwarz. Eine Ausnahme bildet *Poecilotheria regalis* mit einem beigen Querband zwischen vorderen und hinteren Buchlungeneingängen.

Die Unterseite der Vorderbeine weist eine entweder weiß- oder gelb-schwarze Bänderzeichnung auf. Deren Farbton kann von hellem Weiß bis zu grellem Gelb variieren. Die Hinterbeine sind von unten fast immer weiß-schwarz. Lediglich *P. metallica* verfügt auch unter den Hinterbeinen über gelbe Flecken.

Abb. 10 Ein *Poecilotheria regalis*-Weibchen präsentiert seine gelb-schwarze Warntracht, nachdem es seiner Wohnhöhle entnommen wurde.

Abb. 11 *Poecilotheria metallica* in Abwehrstellung. Diese verhältnismäßig friedliche *Poecilotheria*-Art zeigt Angeifern nur selten ihre gelb-blauen Beinunterseiten. Meist ergreifen die Tiere kampflos die Flucht.

Die beschriebene gelb/weiß-schwarze Ventralzeichnung der Beine ist ein Charakteristikum der Gattung *Poecilotheria* und einzigartig unter den Theraphosiden. Zudem ist die Anordnung und Farbe der Beinstreifen artspezifisch und entspricht ziemlich genau der Verteilung der Hell-Dunkel-Musterung der Beinoberseite. Dabei werden dorsale dunkle Flächen ventral durch Schwarz abgelöst. *Poecilotheria metallica* besitzt, neben schwarzen, auch noch blau irisierende Areale unter den Beinen, besonders den Femuren. Und auch *P. rufilata* zeigt oft blaue Flecken unter Femur I und II. Die Palpi (Taster) sind unterhalb entweder weiß-schwarz gemustert, oder komplett schwarz. Manchmal sind sie aber auch blau schimmernd (*P. metallica*, *P. rufilata*) und bei einigen Arten zusätzlich mit langen roten Haaren versehen (*P. ornata, P. rufilata*). Zweifelsohne erfüllt die auffällige Ventralzeichnung der Beine und Taster Warnfunktion. In Bedrohungssituationen wird diese Schrecktracht dem potentiellen Angreifer mit aufgerichtetem Vorderkörper präsentiert und kann auf diese Weise einen möglichen Angriff abwenden. Die Spermathek von *Poecilotheria*-Arten ist vergleichsweise einfach gebaut und lässt sich in ihrer Grundform am ehesten mit einem Trapez vergleichen. Innerhalb einer Art kann das Trapezmuster aber merklich variieren. Beispielsweise ist die Spermathek von *P. regalis* und *P. miranda* gelegentlich nach oben in zwei kleine Zipfel ausgezogen. Zudem kann sie an den Seiten eingebuchtet sein. *Poecilotheria metallica* zeigt, als einzige Ausnahme von dieser Regel, immer ein mittig tief gespaltenes, basal verbundenes Receptaculum.

Abb. 12 Spermatheken verschiedener *Poecilotheria*-Arten. Das *Poecilotheria*-typische Trapezmuster kann innerhalb einer Art beträchtlich variieren. So kann das Trapez an den Seiten eingebuchtet sein, wie hier bei *P. fasciata* dargestellt, oder auch gerade Seiten aufweisen, wie hier bei *P. subfusca* und *P. rufilata*. Bei den Arten *P. miranda* und *P. regalis* kann es zudem nach oben in zwei kleine Zipfel ausgezogen sein. Aufgrund dieser intraspezifischen Formvariation des Receptaculums ist eine Artbestimmung anhand dieser Struktur in der Regel nicht möglich. Die einzige Ausnahme von dieser Regel bildet *P. metallica*, die an ihrer geteilten Spermathek zweifelsfrei identifiziert werden kann. Balken = 1 mm

Abb. 14+15 *Poecilotheria striata*-Männchen, dorsale und ventrale Anatomie.

Habitus von Männchen

Geschlechtsreife Männchen erreichen für gewöhnlich eine Körperlänge von 3,5-5 cm, aber auch erheblich kleinere „Zwergmännchen" kommen vor. Männchen sind aber meist nicht nur kleiner als Weibchen, sondern, wie bei den meisten Spinnen, wesentlich zierlicher und verhältnismäßig langbeiniger gebaut.

Abb. 13 Normalwüchsiges Männchen und „Zwergmännchen". Das kleinwüchsige Tier erreichte nur knapp zwei Zentimeter Körperlänge.

Eine relativ unscheinbare und einheitliche Dorsalzeichnung in Grau- oder Brauntönen ist typisch für geschlechtsreife männliche Exemplare der meisten *Poecilotheria*-Arten. Zwar bleiben Ornamentzeichnungen sowie normalerweise auch die schwarze Streifung des Dorsalschildes erhalten, aber die kontrastreiche Musterung der Beine löst sich weitgehend auf. Ferner reduziert sich das Folium auf einen schmalen, dunklen Streifen.

Unter den Vorderbeinen verfügen Männchen über identische Zeichnungs- und Farbmuster wie Weibchen, also Warntracht. Unterhalb der Hinterbeine verblasst diese Musterung häufig, bzw. wird von verwischten Grautönen abgelöst. Tibiaapophysen treten bei *Poecilotheria* nicht auf. Der Bulbus ist, im Gegensatz zur Spermathek, ziemlich komplex strukturiert (KIRK, 1996). Er besitzt typischerweise die Form einer Birne, wobei die bauchige Basis sich apikal zum Embolus verjüngt. Dieser ist in zwei ausgeprägten Kielen schraubenförmig aufgewunden. Beide Kiele laufen auf der Dorsalseite des Bulbus zu einer Spitze zusammen. Gelegentlich finden sich noch einige weitere, aber nur schwach hervortretende Kiele auf dem Embolus.

Abb. 16+17+18 Nymphen von *P. regalis, P. striata* und *P. smithi*. In ihren ersten Lebensmonaten lassen sich Jungtiere dieser Arten sowie von *P. fasciata, P. hanumavilasumica* und *P. pederseni* kaum auseinander halten. Gleiches gilt für Jungspinnen von *P. formosa, P. miranda, P. metallica* und *P. tigrinawesseli*.

Habitus von Nymphen

Jungspinnen, die auch Nymphen genannt werden, sind noch ziemlich unauffällig, und weitestgehend einheitlich braun, grau, oder schwarz gezeichnet. Eine gewisse Ähnlichkeit mit adulten Männchen lässt sich nicht von der Hand weisen. Komplizierte Farbmuster erscheinen höchstens angedeutet und die gattungstypische Streifenzeichnung der Beinunterseite fehlt noch gänzlich. Anfangs sehen sich die Jungtiere einiger Arten verblüffend ähnlich. So lassen sich kleine Nymphen von z. B. *Poecilotheria regalis, P. fasciata* und *P. striata*, oder *P. formosa*, *P. miranda, P. metallica* und *P. tigrinawesseli* kaum auseinander halten.

Mit den folgenden Häutungen nehmen sie dann aber immer eindeutiger die typische Musterung ihrer Elternart an. Und nach etwa fünf Häutungen sind sie zweifelsfrei zu identifizieren. Oft zeichnet sich auch der beschriebene Sexualdichromatismus schon sehr früh ab, besonders bei *Poecilotheria fasciata, P. miranda, P. ornata* und *P. pederseni.* Nymphen dieser Arten können bereits mit wenigen Zentimetern Körperlänge anhand der Färbung nach Geschlechtern getrennt werden.

Gemeinsame Merkmale alle Altersstadien

Über folgende Merkmale verfügen alle Altersstadien: Bei frisch gehäuteten Tieren wirken die Femuren und das Dorsalschild oft metallisch. Tarsi und Metatarsi sind, als Anpassung an eine obligat baumbewohnende Lebensweise, dicht und breit skopuliert. Die Skopula bedeckt die Unterseite von Beinpaar I + II komplett sowie Beinpaar III + IV bis etwa zur Hälfte des Metatarsus. Unter Skopula hat man sich eine Ansammlung von Haaren vorzustellen, die sich jeweils in zahlreiche Fortsätze („Endfüße") aufspalten. Diese „Endfüße" wechselwirken über Adhäsionskräfte mit einem hauchdünnen Wasserfilm auf dem Substrat (FOELIX, 1996). Auf diese Weise können die Spinnen problemlos senkrechte Glaswände erklettern.

Zwischen Tastercoxainnen- und Chelizeren-Außenseite befindet sich das Stridulationsorgan. Bei *Poecilotheria* spp. ist es aus einem oder mehr kräftigen Höckern und zwei bis drei Reihen paddelförmiger Stacheln auf der Tastercoxa-Außenseite zusammengesetzt (KIRK 1991). Durch Reiben dieser Strukturen gegen Fiederhaare (Setae) auf der Chelizerenaußenseite vermögen die Tiere zischende Laute zu erzeugen. Es ist anzunehmen, dass dieses „Zischen" zur Abschreckung von Feinden dient.

Abb. 19+20 Juveniles Männchen (oben) und Weibchen (unten) von *P. miranda.* Die Geschlechter lassen sich sehr gut anhand der kontrastreicheren Zeichnung des Weibchens, sowie der braunen Färbung des Männchens unterscheiden. Bei vielen anderen Arten kann zudem das Folium als Unterscheidungsmerkmal herangezogen werden. Dieses ist schon bei jungen Weibchen weiß und verblasst bei Männchen recht früh bzw. wird braun.

Farbvariationen und Artunterscheidung bei *Poecilotheria* spp.

Anscheinend unterliegt die Dorsalzeichnung vieler *Poecilotheria*-Arten einer ausgeprägten intraspezifischen Variation. Selbst innerhalb einer Population finden sich mitunter völlig verschieden gefärbte Tiere. Als Paradebeispiel sei hier *Poecilotheria metallica* angeführt, von der sich mindestens drei verschiedene Farbvarianten von tiefblau über schwarz bis grau oder braun im selben Gebiet unterscheiden lassen. Erwiesenermaßen betrifft diese Variabilität auch viele weitere *Poecilotheria*-Arten (z. B. *P. fasciata, P. formosa, P. miranda, P. rufilata, P. subfusca, P. tigrinawesseli*). Bei *Poecilotheria subfusca* sollen selbst Geschwistertiere aus einem Kokon unterschiedliche Farbmuster auf dem Dorsalschild gezeigt haben (STRIFFLER, pers. Mttlg.).

Abb. 21 Adultes Weibchen von *P. metallica* ("Black-Form").

Abb. 22 *Poecilotheria metallica* blau-graue Variante. Beide Tiere (vgl. Abb. Seite 1) sind frisch gehäutet und stammen aus demselben Habitat in Indien, in dem unter anderem auch noch schwarze Tiere leben.

Poecilotheria metallica

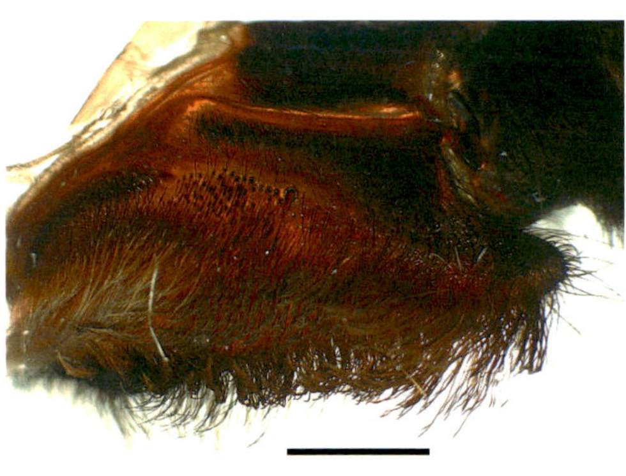

Poecilotheria pederseni

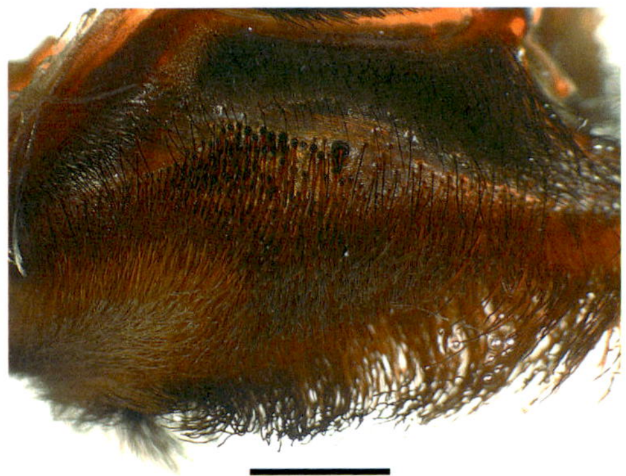

Poecilotheria regalis

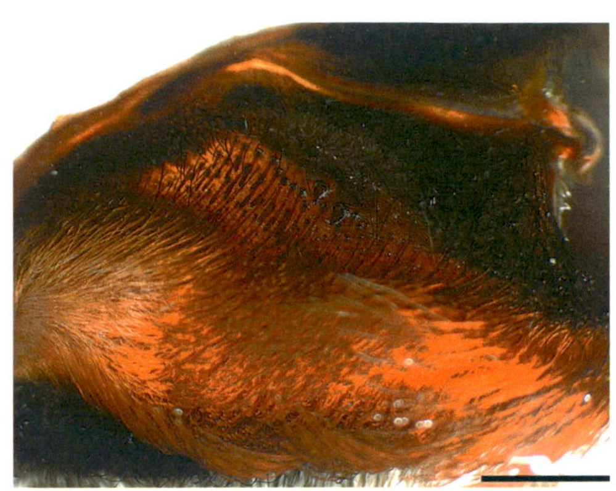

Poecilotheria rufilata

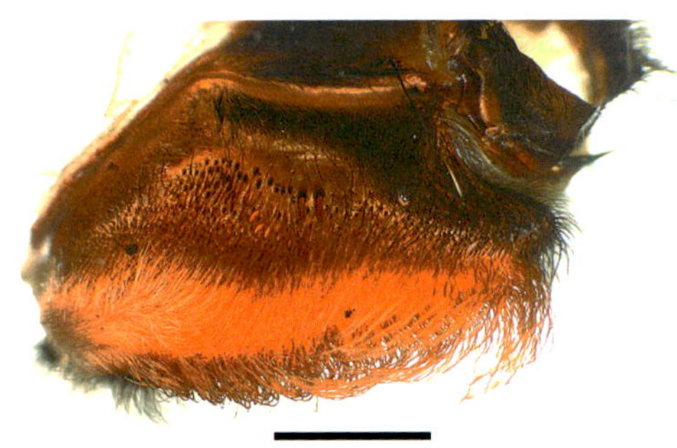

Poecilotheria subfusca

Poecilotheria tigrinawesseli

Abb 23-28 Stridulationsorgane verschiedener *Poecilotheria*-Arten. Typisch für *Poecilotheria* sind die paddelförmigen Stridulationsborsten und die kräftigen Dornen auf der Tastercoxa. Nach SMITH (2006) lässt sich die Gattung *Poecilotheria* anhand der Lage und Anzahl von Dornen am Stridulationsorgan in drei Gruppen aufspalten (siehe Kapitel „Farbvariationen und Alphataxonomie bei *Poecilotheria* spp."). Balken = 2mm

Ganz im Gegensatz zur variablen Dorsalmusterung scheint die ventrale Streifenzeichnung der Beine und Taster zu stehen. Dabei soll es sich sogar um das intraspezifisch stabilste Merkmal von *Poecilotheria* spp. handeln. So verwundert es auch nicht, dass die Musterung der Beinunterseiten schon lange als diagnostisches Merkmal zur Bestimmung von Arten genutzt wird. Insbesondere den Beinpaaren I + IV, kommt eine wichtige Bedeutung zu. Diese Vorgehensweise stützt sich auf Untersuchungen von Kirk (1996&1991). Kirk zufolge sind viele klassische Merkmale zur Alphataxonomie der Vogelspinnen bei *Poecilotheria* zu primitiv oder innerartlich zu unstabil, um damit Arten abgrenzen zu können. Daher wurden die Genitalmorphologie und der Bau des Stridulationsorgans in bisherigen Artbeschreibungen eher vernachlässigt. Neuere Erkenntnisse (Kirk, 2001) und eigene Untersuchungen deuten aber darauf hin, dass zumindest die Genitalmorphologie ausreichend stabil ist, um Arten oder wenigstens Artengruppen unterscheiden zu können. Insbesondere die Morphologie der Bulbi scheint taxonomisch wertvoll zu sein. Zwar zeigen die Bulbi auch intraspezifisch eine mehr oder weniger geringe Formenvariation, dabei werden aber immer gewisse Grundstrukturen eingehalten.

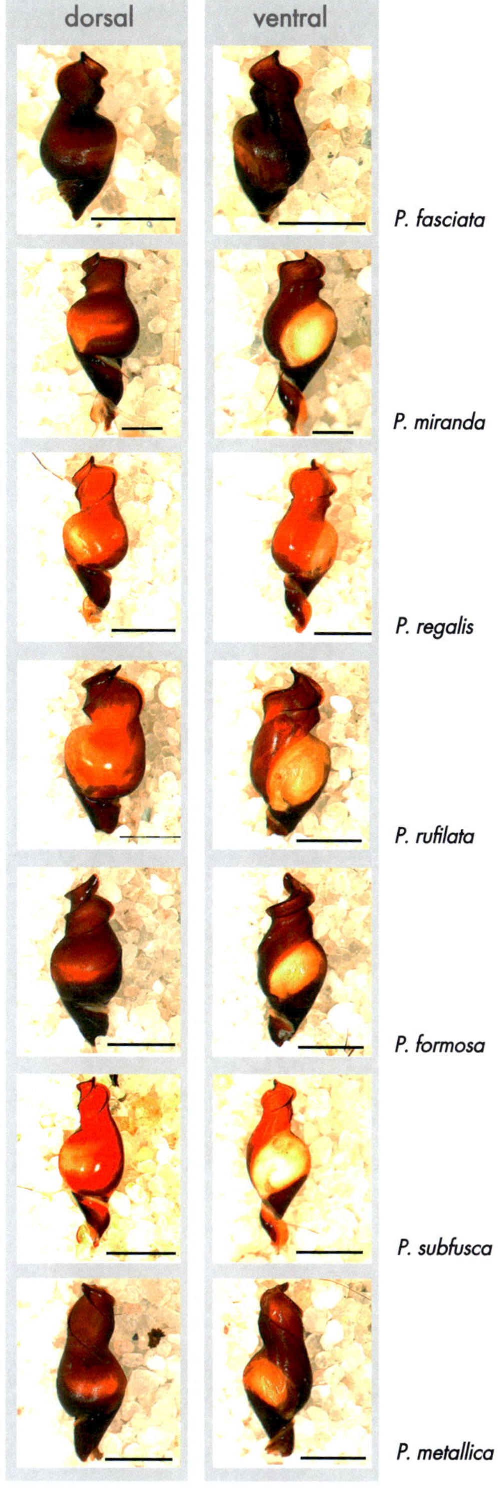

Abb. 29-42 Bulbi verschiedener *Poecilotheria*-Arten. Anhand der Form des Bulbus lassen sich vier Gruppen innerhalb der Gattung *Poecilotheria* unterscheiden. Die erste Gruppe, hier dargestellt anhand von *P. fasciata, P. miranda, P. regalis,* und *P. rufilata* weist einen sehr breit gekielten, gestauchten Embolus auf. *P. metallica* Männchen tragen einen etwas weniger in die Breite gekielten Embolus. Bei *P. formosa* bildet die Embolusspitze einen ausgeprägten „Haken" und die beiden Hauptkiele laufen ventral sehr nah nebeneinander. Die vierte Gruppe ist hier anhand von *P. subfusca* dargestellt und zeichnet sich durch einen sehr filigran gebauten Bulbus, mit ungewöhnlich schmalem Embolus aus. Balken = 2mm

Anhand der Form des Bulbus lassen sich nach eigenen Feststellungen insgesamt vier verschiedene Gruppen innerhalb der Gattung *Poecilotheria* unterscheiden:

1. *Poecilotheria fasciata, P. hanumavilasumica, P. miranda, P. ornata, P. pederseni P. regalis, P. rufilata, P. smithi, P. striata* und *P. tigrinawesseli* bilden die erste Gruppe. All diese Arten tragen einen an der Basis stark bauchigen Bulbus mit einem sehr breit gekielten Embolus. Der obere der beiden Kiele beginnt auf der Dorsalseite des Embolus, der untere auf der Ventralseite. Der obere Kiel ist auf der Dorsalseite sehr weit nach außen gezogen. Der Quotient aus Breite des Embolus (an der in Dorsalansicht am weitesten gekielten Stelle) und seiner Länge, liegt bei derartigen Bulbi erfahrungsgemäß zwischen 0,8 und 1. Ein Quotient von 1 bedeutet, der Embolus ist genau so breit wie lang. Er wirkt dann also erheblich gestaucht. Bei *P. miranda, Poecilotheria rufilata* und *P. tigrinawesseli* scheinen die Hauptkiele sich ein wenig flacher am Embolus nach oben zu schrauben als bei den anderen Arten dieser Gruppe.

2. *Poecilotheria metallica* zeichnet sich durch einen insgesamt schmaleren Bulbus als die oben genannten Arten aus. Der obere Kiel am Embolus ist deutlich weniger in die Breite gezogen. Der Quotient aus Embolusbreite- und Länge liegt bei etwa 0,6.
3. *Poecilotheria formosa*-Männchen besitzen einen insgesamt recht schmalen Bulbus, ähnlich dem von *Poecilotheria metallica*. Anhand eines ungewöhnlich langen Hakens an der Spitze des Embolus, der von den beiden Hauptkielen gebildet wird, lässt sich *Poecilotheria formosa* aber zweifelsfrei von *P. metallica* abgrenzen. Der Quotient aus Embolusbreite und Länge beträgt bei *P. formosa* etwa 0,7. Auf der Ventralseite des Bulbus fällt zudem auf, dass die beiden Hauptkiele am Embolus sehr nah beieinander liegen.
4. Die letzte Gruppe bilden schließlich *Poecilotheria subfusca* und *P. uniformis*. Beide Arte verfügen über einen ungewöhnlich filigran gebauten Bulbus und einen ausgesprochen schmalen Embolus. Der Quotient aus Embolusbreite und -länge beträgt nur etwa 0,5. An seiner breitesten Stelle erreicht der Embolus also nur knapp die Hälfte seiner Länge.

Der Aufbau der Spermatheken würde hingegen die folgende Gruppierung nahe legen:

1. *Poecilotheria fasciata, P. formosa P. hanumavilasumica, P. miranda, P. ornata, P. pederseni, P. regalis, P. rufilata, P. smithi, P. striata, P. subfusca* und *P. tigrinawesseli* besitzen Spermatheken in typischer Trapezform. Hin und wieder können die Seiten des Trapezes bei all diesen Arten eingebuchtet sein. Zudem kann es bei *Poecilotheria miranda* und *P. regalis* gelegentlich nach oben in zwei Zipfel ausgezogen sein.

2. *Poecilotheria metallica* trägt ein mittig gespaltenes Receptaculum.

Es bedarf aber gewiss noch weiterer Vergleiche, bis gänzlich geklärt wird, in welchem Maße die Genitalmorphologie zukünftig als taxonomisch relevantes Merkmal innerhalb der Gattung *Poecilotheria* gewichtet werden kann. Bisher wurden noch zu wenige Exemplare untersucht, um fundiert an obigen Gruppierungen festhalten zu können. Eine kürzlich veröffentlichte Arbeit von SMITH (2006), in der die Stridulationsorgane verschiedener *Poecilotheria*-Arten verglichen wurden, kommt zu ähnlichen Ergebnissen. SMITH separiert hier drei nah verwandte Gruppen anhand der Anzahl und Lage von Höckern/Dornen auf der Tastercoxa.

P. miranda

P. ornata

P. pederseni

P. regalis

Abb. 43-55 Unterseiten aller *Poecilotheria*-Arten (s. bis Seite 26).

P. smithi

P. rufilata

P. striata

P. subfusca

P. fasciata

P. formosa

P. hanumavilasumica

P. tigrinawesseli

P. metallica

1. Die erste Gruppe setzt sich aus den Arten *Poecilotheria fasciata, P. hanumavilasumica, P. pederseni, P. ornata, P. regalis* und *P. striata* zusammen. All diese Arten tragen nach SMITH 1-3 Höcker auf der Tastercoxaaußenseite, apikal vom eigentlichen Stridulationsorgan. Eigenen Untersuchungen zufolge kann auch *Poecilotheria smithi*, die apikal vom Stridulationsorgan ebenfalls 1-3 Höcker trägt, dieser Gruppe zugerechnet werden.

2. *Poecilotheria miranda, P. metallica,* und *P. tigrinawesseli* bilden mit 3-8 Höckern auf der Tastercoxa, ebenfalls apikal vom Stridulationsorgan, die zweite Gruppe. Obwohl *Poecilotheria formosa* oftmals eine geringere Anzahl Höcker auf der Tastercoxa trägt, zählt SMITH sie ebenfalls zur zweiten Gruppe. Eigene Untersuchungen zeigen zudem, dass bei Weibchen von *Poecilotheria metallica* und *P. miranda* gelegentlich auch nur zwei Höcker vorhanden sind. Ferner kann die Anzahl von Höckern bei *Poecilotheria tigrinawesseli* bis zu zehn betragen.

3. *Poecilotheria subfusca* und *P. rufilata* bilden die dritte Gruppe, mit 2-5 Höckern auf der Tastercoxa, inmitten des Stridulationsorgans.

Abb 56 a+b Weibchen (oben) und Männchen (unten) aus der Typenserie von *Poecilotheria uniformis*. Bis auf das Folium ist nichts mehr von der ursprünglichen Zeichnung der Tiere zu erkennen. Eine Artidentifikation anhand von Farbmerkmalen ist hier also nicht mehr möglich.

Es ist zu beachten, dass die Anzahl von Höckern auf den Maxillen bei einem Tier variieren kann. Nicht selten finden sich auf den beiden Tastercoxen einer Spinne unterschiedlich viele Höcker.

Was schließlich das Merkmal der Beinzeichnung angeht, scheiden sich die Geister. Ob geringfügige Farbmerkmale wirklich hinreichend stabil und aussagekräftig genug sind, um Arten abzugrenzen, sei dahingestellt. Eine Diskussion darüber würde den Zweck dieses Buches verfehlen. Hier soll lediglich auf einige ganz offensichtliche Probleme der Artbenennung nach Farbmerkmalen hingewiesen werden.

Abb 57 Männchen von *Poecilotheria metallica*.

Wie erwähnt verlieren *Poecilotheria*-Männchen mit der Reifehäutung vielfach die auffällige Ventralzeichnung der Hinterbeine. Dann ist eine Identifikation anhand der Streifen auf Femur III & IV nicht mehr möglich.

Überdies werden und wurden Vogelspinnentypen zum großen Teil in Alkohol hinterlegt. Und chemische Einwirkungen des Konservierungsmittels können zum weitgehenden Ausbleichen auffälliger Farbmuster führen. Ist nun der Beschreibung keine exakte Skizze beigefügt, wird es später fast unmöglich, eine Tierart als solche zu identifizieren, bzw. einen Typus zum Abgleich mit neuem Material zu nutzen (MAYR 1975). Ein solcher Fall ist z. B. bei *Poecilotheria uniformis* eingetreten. Von dieser Art sind lediglich die Typusexemplare bekannt, deren ausgebleichte Farbmuster kaum noch etwas von der ursprünglichen Färbung und Zeichnung erkennen lassen. Ob *Poecilotheria uniformis* in der Natur überhaupt noch vorkommt, ist nicht bekannt. Vielleicht handelt es sich sogar um das Synonym einer bereits beschriebenen Art.

In letzter Zeit sind vermehrt Fälle von Tieren bekannt geworden, deren ventrale Beinzeichnung von der bisher für arttypisch erachteten abweicht. Darüber hinaus ist bislang nur sehr wenig über die innerartliche Variation von Zeichnungsmustern in der Natur bekannt. Die meisten taxonomischen Untersuchungen an *Poecilotheria*-Arten basieren lediglich auf punktuellen Aufsammlungen innerhalb einzelner Populationen (z.B. SMITH 2006). So bleibt abzuwarten, in welchem Maße dem Merkmal „Beinzeichnung" in Zukunft taxonomisches Gewicht beigemessen wird. Zuletzt sei noch angemerkt, dass heutzutage molekularbiologische Methoden breite Anwendung in der Taxonomie finden. Möglicherweise bieten diese im Falle der Gattung *Poecilotheria* eine interessante Ergänzung zu morphologischen Vorgehensweisen.

Verbreitung der Gattung *Poecilotheria*

Als Baumbewohner leben die 14 bisher bekannten *Poecilotheria*-Arten fast ausschließlich in den tropischen Wäldern des indischen Subkontinents. Das heißt, die Tiere bewohnen eine Landmasse, die vom Himalaja im Norden, dem Arabischen Meer im Westen, der Bucht von Bengalen im Osten und dem Indischen Ozean im Süden begrenzt wird. Ihr Verbreitungsgebiet erstreckt sich über beinahe ganz Sri Lanka, sowie in einer nach Norden offenen und bis 400 km breiten V-Form entlang der Waldgebiete auf dem indischen Subkontinent. Innerhalb der Gattung *Poecilotheria* sind einerseits Tieflandbewohner zu finden, andererseits ist die Verbreitung einiger Arten auf Bergwälder beschränkt. Wieder andere Arten besiedeln sowohl Hügel- als auch Tieflandregionen. Die Distanz zwischen den derzeit nördlichsten und südlichsten *Poecilotheria*-Fundorten, dem Chota Nagpur-Plateau in Nordostindien und dem Yala-Nationalpark in Süd-Sri Lanka beträgt über 2000 km. Von Osten nach Westen, zwischen den Eastern und Western Ghats, liegen immerhin noch annähernd 1500 km. Möglicherweise ist das Verbreitungsgebiet sogar noch größer als bisher angenommen. Insbesondere die Nordhälfte Indiens birgt noch einige nicht näher untersuchte Gebiete, die durchaus für eine Besiedelung durch *Poecilotheria*-Arten geeignet erscheinen. Beispielsweise ist aus dem zentralindischen Staat „Madhya Pradesh", welchem immerhin über 12% der gesamten Waldfläche Indiens zukommen (Ministry of Environment and Forests-Government of India 2004) bisher nicht eine einzige *Poecilotheria*-Spezies nachgewiesen. Und das ist nur ein Beispiel unter vielen bisher nicht näher untersuchten Gebieten. Vor diesem Hintergrund darf in den kommenden Jahren noch durchaus mit der Neuentdeckung einiger *Poecilotheria*-Arten, oder zumindest lokalen Farbvarianten bereits bekannter Spezies gerechnet werden. Auch wenn es noch vieles zu erkunden gibt, sollte allerdings nicht mit einer unerschöpflichen Anzahl neuer Arten gerechnet werden. Beispielsweise war es uns in den letzten Jahren möglich, einige nordindische Territorien zu besuchen, die offenbar nicht von *Poecilotheria*-Arten bewohnt waren. Unter anderem fanden sich im Südosten von Madhya Pradesh bereits keine Anhaltspunkte mehr für *Poecilotheria* spp. Darüber hinaus verliefen Hinweise auf eine neue Art im nordöstlichen Indien, nahe der Grenze zu Bangladesch, ergebnislos. Daraus lässt sich schließen, dass sich die Nordgrenze des Verbreitungsgebietes von *Poecilotheria* vielerorts nicht so weit erstreckt, wie es geografische Barrieren – etwa der Himalaja im Norden – zulassen würden. Vielmehr scheint die Grenzlinie der Verbreitung mit der geographischen Tropengrenze von 23,5° nördlicher Breite übereinzustimmen. Es bedarf aber noch einiger Untersuchungen, bis letztendlich ein sicheres Verbreitungsgebiet unserer Gattung eingegrenzt werden kann.

Abb. 58 Verbreitungskarte von *Poecilotheria* spp. Dunkelrot: belegtes Vorkommen; hellrot: vermutete Verbreitung.

Abb. 59+60 Blick über ein Waldgebiet in Madhya Pradesh (unten) und Ost-Sri Lanka (oben) – möglicherweise der Lebensraum zweier bisher unbekannter *Poecilotheria*-Arten. Es gibt zahllose Gebiete wie diese in Indien und Sri Lanka, aus denen keine *Poecilotheria*-Arten bekannt sind, die aber durchaus als *Poecilotheria*-Habitat in Frage kommen.

Das Klima im Lebensraum von *Poecilotheria* spp.

Poecilotheria-Arten besiedeln vorwiegend, vielleicht sogar ausschließlich, die Tropen. Wer aber glaubt, ein Leben in den Tropen gehe grundsätzlich mit warmem immerfeuchtem Klima einher, hat weit gefehlt. Selbst in Äquatornähe kann das Klima sehr variabel und facettenreich ausfallen. Und genau diese klimatische Varianz soll im Folgenden für den indischen Subkontinent gezeigt werden.

Außerdem müssen die klimatischen Bedingungen ihres Lebensraumes dargestellt werden, um die Lebensweise von *Poecilotheria* spp. verständlich erläutern zu können. Denn das Verhalten vieler Arten dieser Gattung ist eng an einen klimatischen Jahreszyklus gekoppelt.

Der Monsunzyklus

Die wichtigste, das Klima des indischen Subkontinents beherrschende Wettererscheinung, ist der Monsunzyklus. Er lässt sich in vier Hauptabschnitte unterteilen, welche im nachfolgenden kurz beschrieben werden sollen (nach MEHER HOMJI 2001; BRONGER 1996):

1. Von Dezember bis März dominiert der Nordost-Monsun, eine trockene, kühle Strömung aus Nordasien. Diese Zeit, der indische Winter, ist durch einen fühlbaren Temperaturrückgang bis zum Januar geprägt. Niederschläge treten eher unregelmäßig auf. Allerdings heizt sich der NO-Monsun bei seiner Wanderung über die ostindische Bucht von Bengalen stark auf und nimmt viel Feuchtigkeit aus dem Meer auf. Diese entlädt sich schließlich über Südostindien und Teilen Sri Lankas in Regenfällen.

2. Von Mitte März bis Mai erstreckt sich die prämonsunale Zeit. Sie wird durch bisweilen rapide ansteigende Temperaturen und niedrige Luftfeuchte charakterisiert. Im Biotop von *Poecilotheria metallica* konnten zu dieser Zeit Tagestemperaturen bis zu 50°C, bei nur knapp 30% relativer Luftfeuchtigkeit, gemessen werden. Unter derartigen Extrema ist die Pflanzenvegetation ausgesprochen spärlich und Bäume verlieren oft ihre Blätter.

3. Der Südwest-Monsun, eine feuchtwarme äquatoriale Luftströmung, bringt ab Mai auf Sri Lanka einsetzende und innerhalb einiger Wochen nach Norden ziehende oft heftige Niederschläge mit sich. In vielen Distrikten Indiens machen diese 75-90% der jährlichen Regenfälle aus.

   Der Lebensraum von *Poecilotheria metallica* erfährt zu dieser Zeit regelmäßige Niederschläge und die fast dauerhafte Wolkendecke sorgt für Schatten und Temperaturen um 30°C.

4. Ab spätestens Oktober setzt der Rückzug des Monsuns ein. Im Norden beginnend und sich nach Süden fortsetzend wird es wieder trockener, bis der NO-Monsun den Kreislauf schließt. Jedoch bilden sich über der Bucht von Bengalen und dem arabischen Meer hin und wieder Zyklone während des Monsunrückzuges. Und die lassen, mittels so genannter „Herbstregen", große Niederschlagsmengen über Teilen des südlichen Subkontinents niedergehen.

Nachstehende Ausführungen beziehen sich auf die von *Poecilotheria*-Arten besiedelten Gebiete:

Sri Lanka und das tropische Indien. Die indischen Subtropen, nördlich des 23,5. Breitengrades werden nicht berücksichtigt.

Variationen in der Ausprägung des Monsunzyklusses und lokale Klimaregime

Der beschriebene Monsunzyklus und seine Unterabschnitte prägen sich nicht überall gleich aus. Temperatur- und Niederschlagsverteilung sind stark von Relieflage und geografischer Breite abhängig (BRONGER 1996) und daher regional mitunter recht verschieden. So regnen sich Wolkenfronten nicht selten als Steigungsregen einseitig vor Höhenzügen ab. Das heißt, die den Wolken abgewandte Bergflanke bleibt weitgehend trocken. Das gilt z. B. für die indischen Western Ghats, einen Gebirgszug auf dessen Westseite das Gros der südwestmonsunalen Regenfälle niedergeht. Die Ostseite bleibt währenddessen relativ regenarm. Diese Klimaerscheinung wird auch als Lee-Effekt bezeichnet, wobei die dem Regen abgewandte Seite eines Gebirges Leeseite und die Regenseite Luvseite heißt. Der Lee-Effekt trifft auch für Sri Lanka zu: hier wirken die zentral gelegenen Bergregionen um Kandy als Niederschlagsbarriere. Und diese Barriere lässt die Niederschläge des SW-Monsuns vorwiegend über Südwest- und Zentral-Sri Lanka niedergehen. Der Norden und Südosten des Landes bleiben zu dieser Zeit weitgehend niederschlagsarm. Hier wird die Regenzeit im Herbst/Winter durch den NO-Monsun hervorgerufen. Ferner können gebietsweise einige Unterabschnitte des Monsunzyklus, z. B. der Prämonsun, sehr reduziert und nur undeutlich ausgeprägt auftreten.

Abb. 61 Habitat von *P. metallica* während der Trockenperiode.

Abb. 62 Das gleiche Habitat von *P. metallica* während der Regenperiode.

Insgesamt lässt sich das Klima im tropischen Indien und auf Sri Lanka gemäß MEHER HOMJI (2001) in mehrere lokale Regime untergliedern.

1. Das davon wohl mit Abstand dominanteste wird typisch tropisches Klima genannt. Typisch tropisches Klima zeichnet sich durch eine Regenzeit während des Sommers, oder seltener im Herbst, gefolgt von einer Trockenzeit über Winter und Frühjahr aus.

2. Beim tropisch invertierten Klima ist die Situation umgekehrt. Der Sommer bringt Trockenheit, während im Winter die Regenzeit einsetzt.

3. Bixerisches Klima ist eher selten und charakterisiert durch zwei Regenperioden im Sommer und Winter, abgelöst von zwei Trockenzeiten.

4. Axerisches Klima ist durch eine beinahe ununterbrochene Regenzeit gekennzeichnet.

Axerische Klimate repräsentieren typischerweise sehr feuchte Lebensräume. Bixerische und tropisch invertierte Klimate finden sich eher in trockenen Regionen.

In tropischen Klimaten können, je nach Lokalität, erhebliche Differenzen in der Anzahl humider Monate bzw. den lokalen Niederschlagsmengen bestehen. Das bedeutet, es gibt sowohl feuchte als auch trockene typisch tropische Regionen.

Diagramm und Datensatz I (Februar 2005) markieren recht deutlich einen Kontrast zwischen feuchten und trockenen typisch tropischen Zonen. Der Lebensraum von *Poecilotheria miranda*, feuchter Laub abwerfender Wald in Nordostindien, bleibt kühler und merklich feuchter als der von z. B. *Poecilotheria formosa, P. metallica* und *P. regalis*. Hier kann es mitunter überaus heiß und trocken werden.

Des Weiteren zeigen die Diagramme „Trivandrum" an der Westküste und „Begampet" in Zentralindien deutliche Abweichungen in der Niederschlagsmenge des SW-Monsuns. Sie repräsentieren saisonal niederschlagsreiche bzw. regenarme typisch tropische Zonen.

In Südindien und Sri Lanka, die recht nahe am Äquator liegen, ist nur noch wenig vom winterlichen Temperaturabfall zu spüren. Es ist das ganze Jahr hindurch ziemlich warm (über 25°C). Einen Sonderfall stellen Gebirge dar, für die eine Temperaturabnahme um etwa 0,5°C pro 90 m Höhenzunahme angenommen werden kann (WWF 2001). Im Hochland Zentral-Sri Lankas, dem Habitat von *Poecilotheria subfusca*, können im Winter beispielsweise Temperaturrückgänge bis auf 5°C gemessen werden (SMITH et al. 2003). Selbst auf Hügeln kann es mitunter schon einige Grad kühler sein als im Tiefland.

Zusammenfassung und Rückschlüsse für die Terrarienhaltung

Im Endeffekt kann der jährliche Monsunzyklus lediglich als Anhaltspunkt für klimatische Verhältnisse in einem *Poecilotheria*-Habitat betrachtet werden. Denn diese weichen gebietsweise deutlich voneinander ab. Sei es aufgrund von verschieden hohen Jahresniederschlägen, variablen Temperaturen, oder auch unterschiedlich stark ausgeprägten Monsunabschnitten: Der Indische Subkontinent verfügt über zahlreiche, mitunter sehr verschiedene regionale Klimate. Viele Tier- und Pflanzengesellschaften des Subkontinents sind nun besonders gut an das Leben in bestimmten Klimazonen angepasst. In anderen Zonen dagegen fehlen sie schlicht und einfach bzw. werden von besser angepassten Arten ersetzt. Demnach wird sich z. B. ein Tier aus axerischen Habitaten eher schlecht in sehr trockenen Regionen zurechtfinden. Auch dürften Bewohner kühler Regionen nicht allzu gut unter sehr warmen Bedingungen gedeihen.

Möchte man *Poecilotheria* spp. erfolgreich halten und vermehren, ist es notwendig, die klimatischen Ansprüche der jeweils gepflegten Arten zu kennen und so gut es geht nachzubilden.

Klimatyp	Tropisch invertiert	Typisch tropisch	Bixerisch	Axerisch
Charakteristika	*Regenzeit im Winter und Trockenzeit im Sommer, eher typisch für trockene Gebiete*	*Regenzeit im Sommer (ca. Mai-September), Trockenzeiten können über Herbstregen erheblich verkürzt werden. Sehr verschiedene Jahresniederschlagsmengen, je nach Bereich der Klimazone*	*Zwei Regenzeiten, eine im Sommer, eine im Winter. Trotz zweier Regenzeiten immer noch recht lange Trockenperioden, Klima insgesamt eher trocken.*	*Über das ganze Jahr humides Klima, aber relative Trockenzeiten (z. B. im Februar) können auftreten.*
Vorkommen	*Nord Sri Lanka, Südindien*	*Weite Teile Indiens, dominantes Klima in Indien*	*Südost Sri Lanka*	*Südwestindien zentral- und Südwest Sri Lanka*
Vorkommende Poecilotheria-Arten	*P. fasciata, P. hanumavilasumica, in trockenen Zonen*	*P. formosa, P. metallica (in trockenen Zonen), vermutlich auch P. hanumavilasumica* *P. striata, P. miranda, P. tigrinawesseli, P. rufilata (in feuchten Zonen)* *P. regalis (in trockenen und feuchten Zonen)*	*P. fasciata, P. pederseni, (in trockenen Gebieten)*	*P. smithi, P. ornata (warmes Klima), P. rufilata, P. subfusca (kühleres Klima)*

Tabelle 2 Charakteristika der Klimazonen in Indien und Sri Lanka

Zusammenfassend kann man die verschiedenen Arten nach ihren bevorzugten Habitaten grob in folgende Gruppen einteilen:

Poecilotheria fasciata, P. hanumavilasumica, P. pederseni, P. metallica und *P. formosa* bewohnen vorwiegend trockene Gebiete. *P. striata, P. miranda, P. smithi, P. subfusca, P. ornata, P. tigrinawesseli* und *P. rufilata* finden sich eher in feuchten Lokalitäten. *Poecilotheria regalis* ist sehr anpassungsfähig und bewohnt sowohl trockene als auch feuchte Lebensräume.

Geologie Indiens und Sri Lankas

Nachfolgend sollen Indien und Sri Lanka kurz im erdgeschichtlichen Kontext dargestellt werden. Dies soll einige Anhaltspunkte zur Entstehung der heutigen Diversität von *Poecilotheria*-Arten aufzeigen. Darüber hinaus erleichtert es, spätere Ausführungen besser nachvollziehen zu können. Nachstehende Ausführungen basieren vor allem auf Informationen aus BRONGER (1996) sowie vom WWF (2001). Sofern weitere Quellen herangezogen wurden, sind diese im Text vermerkt.

Bis in die Kreidezeit (Beginn vor etwa 135 Millionen Jahren, Ende vor ca. 65 Millionen Jahren) waren Indien und Sri Lanka Teil von Gondwanaland. Dabei handelte es sich um einen Zusammenschluss des heutigen Südamerika im Westen, Afrika mit Madagaskar im Zentrum, und dem Indischen Subkontinent im Osten. Darüber hinaus zählten noch Australien, die Antarktis, Teile Arabiens sowie Neuseeland zur zusammenhängenden Landmasse Gondwanalands. Diese Konstellation der Erdteile könnte auch die gegenwärtige Verbreitung der Selenocosmiinae über heute weit entfernte Kontinente erklären. Außerdem könnte ein Artenfluss zwischen Indien und Südamerika über Afrika, oder ein Ursprung aus Afrika, die Verwandtschaft zwischen den beiden Gattungen *Poecilotheria* und *Psalmopoeus* begründen. Möglicherweise beherbergt Afrika sogar noch einen unbekannten „missing link" zwischen beiden Genera. Demnach dürfte die Gattung *Poecilotheria* weniger mit asiatischen Vogelspinnengattungen gemein haben als ihre geographische Verbreitung auf den ersten Blick nahe legt. Viel eher wäre ihre Verwandtschaft außerhalb Asiens zu suchen. Das stellte immerhin schon R. I. POCOCK (1895) fest, der vor gut 100 Jahren die meisten Beschreibungen von *Poecilotheria*-Arten abfasste. POCOCK ordnete die Gattung *Poecilotheria* unter anderem zusammen mit *Psalmopoeus* der heute nicht mehr existenten Familie Selenocosmidae zu.

Abb. 63 Gondwanaland: Die einst enge Verbindung zwischen Indien, Afrika, Südamerika und Australien erklärt die nahe Verwandtschaft vieler Taxa zwischen diesen heute weit voneinander entfernten Erdteilen.

Vor etwa 120 Millionen Jahren hatte sich die indische Platte bereits vom Hauptteil des Kontinents Gondwana getrennt. Indien bildete damals nur noch mit Madagaskar eine Einheit. Weitere 40 Millionen Jahre später trennten sich dann auch Indien und Madagaskar voneinander, während die indische Platte sehr schnell nach Norden driftete. Die verhältnismäßig späte Trennung Indiens von Madagaskar legt eine Vermutung nahe: Vielleicht hat sich auch auf Madagaskar ein den heutigen *Poecilotheria*-Arten sehr nahe stehendes Taxon entwickelt? Immerhin scheint bisher keine Baum bewohnende Vogelspinnenart aus Madagaskar bekannt zu sein. Schließlich kollidierte Indien im Eozän, vor etwa 40-50 Millionen Jahren mit dem asiatischen Festland. Im Zuge dieser Kollision begann sich der Himalaja zu erheben, die heutige Nordgrenze des indischen Subkontinents. Aufgrund ihrer Norddrift war der obere Teil der indischen Platte mittlerweile aus immerfeuchten äquatorialen Zonen in wechsel-

Abb. 64 ***Poecilotheria*-Habitat in Ost-Sri Lanka.**

feuchte Breitengrade gewandert. Das Klima ist also vielerorts trockener geworden. Unterstützend auf diese Klimaänderung wirkte sich zudem die Entstehung von Bergregionen als Wetterscheiden aus. Besonders nennenswert ist in diesem Zusammenhang die Bildung des zentralen Hochlands Sri Lankas und der Western Ghats in Indien. Letztere entwickelten sich vom Miozän (begann vor 23 Millionen Jahren) bis ins Pliozän (begann vor etwa 5,3 Millionen Jahren). Ihre genaue Entstehungsgeschichte ist immer noch nicht geklärt. Die Western Ghats erstrecken sich heute als bis zu 2700 m hohes Gebirge entlang der Westküste Indiens. An ihrer Ostseite fallen sie oft aus großen Höhen sehr schnell auf unter 500 m ab. Die Ghats können in zwei ökologische Zonen aufgeteilt werden: den niederschlagsreichen und hohen Süden mit bis zu 2700 m und den trockeneren sowie flacheren Norden, der meist nur knapp 1500 m Höhe erreicht. Wyanad, im indischen Bundesstaat Kerala, bildet die Grenze zwischen beiden Regionen.

Sri Lankas Hochland entstand in seiner heutigen Form nach dem Miozän, im Zuge der Bildung dreier Rumpfflächen. Heute gilt es mit ca. 910-2420 m, als dritte und höchste dieser Flächen im Land. Die zweite Rumpffläche, mit etwa 270 bis 910 m, bildet dann den Übergang zur ersten, dem Tiefland, zwischen 0 m und 270 m (SLWCS 2006). Die Entstehung dieser drei Ebenen diente als wichtiger Mechanismus zur Artisolation. Und möglicherweise förderte sie auch die Entwicklung neuer *Poecilotheria*-Arten. Sowohl die Western Ghats als auch die zentralen Gebirge Sri Lankas, wirkten nach ihrer Entstehung, und bis heute, als wichtiger Klimafaktor. Und zwar, indem sie große Regenmengen aufhielten und so das Klima auf ihrer Wind abgewandten Seite (Leeseite) wesentlich trockener werden ließen. Spätestens seit dem Pliozän (5,33 -1,8 Millionen Jahre) dürften sich auf diese Weise die Lebensbedingungen in großen Teilen Indiens und Sri Lankas drastisch verändert haben. Aber auch heutzutage kommt den Bergen eine wichtige ökologische Bedeutung zu.

Dies wird schnell klar, wenn man sich vor Augen führt, dass alle wichtigen Flüsse Sri Lankas im regenreichen Hochland entspringen. Als sich Sri Lanka vor knapp 30 Millionen Jahren, im späten Miozän, erstmals von Südindien separierte, waren beide noch von feuchtem Klima geprägt. Durch die beschriebenen Gebirgsaufwerfungen bildete sich aber ein breiter Trockengürtel zwischen den Ländern. Landverbindungen zwischen Indien und Sri Lanka entstanden dann noch wiederholt bis ins Pleistozän (begann vor 1,8 Millionen, endete vor 11500 Jahren).

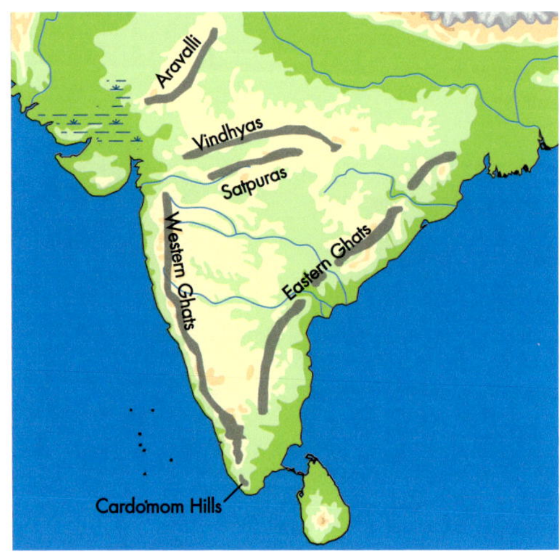

Abb. 65 Bergregionen Indiens

Indiens Berg- und Hügellandschaft beschränkt sich natürlich nicht nur auf den Himalaja und die Western Ghats. Entlang der Ostküste Indiens erstrecken sich beispielsweise die Eastern Ghats. Dieser Höhenzug erreicht mit nur etwa 1600 m keine derart beachtlichen Höhen wie die Western Ghats. Demzufolge kommt ihm auch keine besonders gravierende Funktion als Wetterscheide zu. Zwischen den Gebirgen der Ost- und Westküsten des Landes erstreckt sich das Deccanplateau. Es beinhaltet zahllose Hügelketten, von denen die wenigsten über 1000 Höhenmeter erreichen. Eine der nördlichsten Hügelketten des Deccanplateaus, die Satpura Hills, bildet die Grundlage für eine interessante Hypothese zur Biogeographie Indiens, die so genannte Satpura Hyptohese. Ausgangspunkt ist die Tatsache, dass die Tier- und Pflanzengesellschaften der Western Ghats und Nordostindiens ungewöhnlich viele gemeinsame Elemente aufweisen. Und das obwohl beide Regionen weit über 1000 km auseinander liegen. Allerdings überbrücken die Satpura Hills diese beachtliche Distanz. Sie erstrecken sich nämlich vom Nordende der Western Ghats quer durch Indien bis in dessen Nordosten. Daher wird vermutet, dass die Satpura Hills als „Artensprungbrett“ zwischen West- und Ostindien fungiert haben könnten (fide SAHNI, 2000). Sollte diese Hypothese wahr sein, ließe sie sich sicherlich auch auf die Gattung *Poecilotheria* und deren Verbreitungsmuster übertragen. Demzufolge könnte eine noch unbekannte *Poecilotheria*-Art die Satpura Hills in Zentralindien bewohnen. Hier würde sie einen Übergang zwischen *Poecilotheria regalis*, die sich noch in den westlichen Ausläufern dieser Hügel findet, und *P. miranda* oder anderen Arten aus Nordostindien bilden.

Zum Abschluss sei hier noch folgende Aussage getroffen: Gemäß REICHLING (2003) war das Mesozoikum (vor 251-65,6 Mio. Jahren) das „Zeitalter der Mygalomorphen“, also der Vogelspinnenartigen. Wenn nun das Mesozoikum als Blütezeit der Mygalomorphen gilt, dann dürfte sich hier eine große Zahl neuer Vogelspinnentaxa entwickelt haben. Daher ist es auch nicht unwahrscheinlich, dass die Vorfahren der Gattung *Poecilotheria* bereits im Mesozoikum das heutige Indien bewohnten. In das Zeitalter der Mygalomorphen fällt zudem die Drift der Indischen Platte von Gondwanaland. Daraus könnte wiederum gefolgert werden, dass die Vorgänger der heutigen *Poecilotheria*-Arten bereits in Indien gelebt haben, bevor es auf das asiatische Festland traf. Folglich wäre die nähere Verwandtschaft der Gattung *Poecilotheria*, wenn nicht in Indien selber, dann in Afrika oder Madagaskar zu suchen.

Der Lebensraum Wald

Nach diesem kleinen Exkurs in Klima und Geografie zurück zum eigentlichen Lebensraum von *Poecilotheria* spp., dem Wald. Dieser wird in Indien und auf Sri Lanka üblicherweise nach Klimazonen, Topografie, dominierenden Pflanzengesellschaften etc. in zahlreiche Typen unterteilt. Die im weiteren Kontext wichtigen Waldformen sollen nun kurz charakterisiert werden (nach GARWALA 1985, WWF 2001).

Anzumerken ist noch, dass im folgenden Text keine detaillierte Aufzählung der Pflanzenzusammensetzung einzelner Waldformen vorgenommen werden soll. Viel wichtiger erscheint es, das Gesamtbild der Waldformen darzustellen. Wer sich für die Flora der Wälder interessiert, sei auf die entsprechende Fachliteratur verwiesen (z. B. SAHNI, 2000).

Abb. 66 Tieflandregenwald in Südwest-Sri Lanka, Habitat von *P. ornata*. In diesem Waldgebiet regnet es fast täglich und die Temperaturen bewegen sich um 28 °C.

Feuchter immergrüner Wald

Diese Waldform umfasst Tiefland- sowie Bergregenwälder und ist vor allem für axerische Habitate charakteristisch. Erstere finden sich unter anderem in Südwest-Sri Lanka, in Höhenlagen von 0 m bis zu etwa 1000 m. Hier bilden sie den natürlichen Lebensraum von *Poecilotheria ornata*.

Es handelt sich um dichte, hochwüchsige Wälder, deren Kronenschluss bei etwa 35 m anzusiedeln ist. Die Bäume wachsen ziemlich gerade, mit nur wenigen Verzweigungen, in die Höhe. Der durchschnittliche Stammdurchmesser bleibt aber unerwartet gering. So wachsen zwischen vielen zwar hohen, aber recht dünnen Bäumen von ca. 40 cm Durchmesser nur verhältnismäßig wenige, massige Urwaldriesen. Diese Riesen werden auch als Überständer bezeichnet und können Höhen von weit über 45 m erreichen.

Unterhalb des Kronendachs können schließlich zwei weitere, charakteristische Vegetationsetagen in Höhen von ca. 15 bis 30 m, sowie 5 bis 15 m unterschieden werden. Diese formen wiederum eine Decke für den bodennahen Unterwuchs. Der Tieflandregenwald erfährt sowohl im Südwest-, als auch im Nordost-Monsun ausgedehnte Regenfälle. Zudem fallen hier oft Herbstregen und die Temperaturen bleiben im gesamten Jahresverlauf relativ hoch. Das Klima ist feuchtwarm. Dem Sri Lanka-Tieflandregenwald ähnliche Wälder finden sich auch in den küstennahen Ebenen (unterhalb von 1000 m) Südwestindiens, an der dem Meer zugewandten Seite der Western Ghats.

Im zentralen Hochland Sri Lankas wird der Tieflandregenwald, ab etwa 1000 m Höhe, von Montan- bzw. Bergregenwald abgelöst. Vergleichbare Waldformationen (Bergregenwälder), finden sich auch in den Höhenlagen (ab 1000 m) der indischen Western Ghats. Hier erstrecken sie sich als knapp 35 km breiter Waldstreifen über die Höhenzüge.

Abb. 67 Übergangszone vom Tieflandregenwald zum Bergregenwald auf knapp 1000 m Höhe in Südwestindien, Lebensraum von *P. rufilata*. Die großen Bäume im Vordergrund erreichen weit über 20 m Wuchshöhe und sind mit zahllosen Epiphyten bewachsen.

Sowohl das Hochland Sri Lankas als auch die Western Ghats erreichen maximale Höhen von etwa 2700 m und bis hierher finden sich auch Montanregenwälder. Diese erreichen meist nicht die erhebliche Wuchshöhe von Tieflandregenwäldern. Durchschnittliche Wuchshöhen liegen zwischen etwa 10 und 25 m. Selten können aber auch regelrechte Baumriesen als Überständer auftreten. Darüber hinaus besitzen Montanwälder ein schwer zugängliches Unterholz, welches von zahlreichen Bäumen unterschiedlichster Stammdurchmesser durchsetzt ist. Vor allem dickere Bäume wirken aufgrund des geringen Höhenwachstums oft in sich gestaucht und ziemlich knorrig. Besonders augenfällig ist folgende Eigenheit des Bergregenwaldes: Ältere Bäume sind häufig über und über mit Epiphyten bewachsen, vorwiegend Farnen, bizarren Moosen, Flechten und farbenprächtigen Orchideen. Dieses Bild bietet sich im Tieflandregenwald zwar auch, aber nie in derartiger Ausprägung.

Charakteristische *Poecilotheria*-Arten der Bergregenwälder sind *P. subfusca* auf Sri Lanka und *P. rufilata* in Indien.

Aufgrund seiner Höhenlage erfährt dieses tropische Ökosystem nicht selten ungewöhnlich niedrige Temperaturen. Besonders spürbar ist das nachts: Während die Sonneneinstrahlung tagsüber für angenehme Temperaturen von ca. 25°C sorgt, fallen die Nachtemperaturen selbst in der warmen Jahreszeit bis auf 10°C ab. In den höchsten Lagen Sri Lankas sind während des Winters sogar nächtliche Bodenfröste keine Seltenheit. Aufgrund dieses kühlen Klimas konnten sich hier einige durch den Menschen eingeführte Koniferen (vor allem Pinus sp. und Cupressus sp.) aus gemäßigten Zonen der Erde behaupten. In warmen Tieflandwäldern wären diese wohl kaum konkurrenzfähig.

Abb. 68 Bergregenwald auf knapp 2000m Höhe bei Nuwara Eliya, Sri Lanka. Dieses kühle und immerfeuchte Waldgebiet ist der Lebensraum von *P. subfusca*. Vorne links im Bild erkennt man eine große Zypresse, die vom Menschen angepflanzt wurde und heute mehreren *P. subfusca* als Wohnbaum dient.

Durch die Verbindung von niedrigen Temperaturen und intensiven Niederschlägen wird im Bergregenwald bei Temperaturschwankungen häufig der Taupunkt unterschritten. Daraus folgt eine starke Nebelbildung, was zu der oft verwendeten Bezeichnung Wolken- oder Nebelwald für diese Waldform geführt hat.

Trockenzeiten sind im Bergregenwald ziemlich kurz. Die durchschnittliche jährliche Niederschlagsmenge ist, je nach Lokalität, äußerst variabel. Im Jahresmittel gehen in Zentral-Sri Lanka,

Abb. 69 Mit zahllosen Epiphyten bewachsener Baum im Bergregenwald nahe Nuwara Eliya. Das dichte Unterholz in diesem Wald ist nur an wenigen Stellen passierbar.

Abb. 70 Morgendliche Nebelschwaden über einem Bergregenwald im Hochland Zentral Sri Lankas. Oft wird der Nebel derart dicht, dass die Orientierung im Gelände kaum noch möglich ist. Vor diesem Hintergrund verwundert auch die Bezeichnung Nebel- oder Wolkenwald für diese Region nicht.

etwa 2500 bis 5000 mm Regen nieder. Über der Südhälfte der Western Ghats sind es 2500 bis 8000 mm und über ihrer Nordhälfte nur etwas mehr als 2500 mm. Auffällig ist die relative Trockenheit der nördlichen Western Ghats. Im Vergleich zu Zentral-Sri Lanka und den südlichen Ghats werden die nördlichen Ghats aber in wesentlich geringerem Maße von den Regenschauern des Nordost-Monsuns und von Herbstregen erreicht. Darüber hinaus erreicht der nördliche Teil der Western Ghats, mit ca. 1500 m, keine so erhebliche Höhe wie der südliche. Daher ist seine Wirkung als Wetterscheide weit weniger bedeutsam.

Halbimmergrüner Wald

Der halbimmergrüne Wald war früher charakteristisch für viele humide Klimazonen Ost- und Westindiens. Heute ist er in Folge von Abholzung und Überweidung auf wenige Tieflandgebiete und niedrige Hügelregionen im Nordosten sowie der Westküste des Landes begrenzt. Es handelt sich um eine Mischform aus Elementen feuchter immergrüner und feuchter Laub abwerfender Wälder. Der Wald ist ziemlich hochwüchsig, verfügt über ein dichtes Unterholz. Alte dicke Bäume zeigen hin und wieder Epiphytenbewuchs. Insgesamt ist der Wald dem Tieflandregenwald nicht unähnlich. Allerdings werden keine derart beeindruckenden Wuchshöhen erreicht.

Abb. 71 Küstennaher halbimmergrüner Wald, Habitat von *P. miranda*, während der Trockenzeit in Nordostindien. Im Monsun gehen über diesem Lebensraum große Regenmengen nieder. Im Gegensatz zum Regenwald erfährt er aber im Winter eine ausgeprägte Trockenphase.

Kennzeichnenderweise herrschen typisch tropische Klimabedingungen vor. Das bedeutet, insbesondere der Südwest-Monsun ist für die Jahresniederschläge verantwortlich. Diese schwanken jährlich zwischen etwa 1500 mm bis 3000 mm in den nordostindischen sowie über 2500 mm in den westindischen Wäldern. Das sind zwar relativ große Regenmengen, dennoch werden außerhalb des Monsuns recht ausgedehnte Trockenphasen durchlaufen. Während dieser Perioden verlieren vor allem die in den hohen Stockwerken angesiedelten laubabwerfenden Elemente des Waldes ihre Blätter. Und so erscheint er etwas karger und spärlicher bewachsen. Diesem Gesamtbild wirken die immergrünen Bestandteile, die immer noch einen beträchtlichen Anteil des Kronendachs ausmachen, allerdings entgegen. Alles in allem zeigt sich bereits ein Vegetationswechsel zwischen Regen- und Trockenzeiten. Dieser ist aber lange nicht so ausgeprägt wie z. B. in laubabwerfenden Trockenwäldern (siehe nächste Seite).

Insgesamt ist der halbimmergrüne Wald, insbesondere in Bezug auf Endemiten, nicht so artenreich wie feuchte immergrüne Wälder.

Abb. 72+73 Blick auf den Wohnbaum einer *P. tigrinawesseli* im Monsun (oben) und in der Trockenzeit (unten). Obwohl sich während der Trockenzeit die Beblätterung der Bäume nur geringfügig ändert, fällt sofort auf, dass der Bodenbewuchs hier weitgehend fehlt.

Feuchter laubabwerfender Wald

Diese Waldform ist entlang ausgedehnter Teile der indischen West- und Ostküste verbreitet und bildet dort den Lebensraum vieler *Poecilotheria*-Arten, unter anderem von *P. miranda, P. tigrinawesseli, P. striata* und *P. regalis*.

Es handelt sich um Lebensräume, die dem halbimmergrünen Wäldern ähneln, jedoch an etwas aridere Bedingungen angepasst sind. Die oft dikken, knorrigen Bäume des Kronenschlusses erreichen bis über 25 m Höhe und sind manchmal von Epiphyten bewachsen. Unter dem obersten Stockwerk befindet sich dann eine weitere Etage kleinerer Bäume. Schließlich folgt ein dichtes Unterholz aus Sträuchern. Wie schon die vorhergehend beschriebene Waldformation findet sich auch der feuchte laubabwerfende Wald vorwiegend in typisch tropischen Klimazonen. Die Vegetation hat auch hier vergleichbare Anpassungen an die Trockenzeit entwickelt: partieller Verlust der Beblätterung. Allerdings wirft im halbimmergrünen Wald bei Trockenheit nur ein

Abb. 74-75 Das Habitat von *P. miranda*: feuchter laubabwerfender Wald in Nordostindien im Monsun und während der Trockenzeit (unten). Das untere Foto erinnert an eine mitteleuropäische Landschaft im Herbst.

Teil des höchsten Stockwerkes seine Blätter ab. Die oberste Etage des feuchten laubabwerfenden Waldes setzt sich hingegen vorwiegend aus laubabwerfenden Baumarten zusammen. Außerhalb der Monsunphasen wirkt die Krone des Waldes daher ziemlich kahl. Die unteren Stockwerke hingegen verändern sich im Jahresverlauf nur unerheblich, da sie weitgehend aus immergrünen Elementen bestehen. Im Großen und Ganzen wirkt sich die jahreszeitliche Veränderung der Belaubung bereits ziemlich tief greifend auf das Vegetationsbild aus.

Des Weiteren kann man noch zwischen ost- und westindischen feuchten laubabwerfenden Waldgebieten unterscheiden, welche im nachfolgenden kurz charakterisiert werden sollen:
Erstere verbreiten sich über beinahe die gesamten Eastern Ghats, eine bis zu 1600 m hohe Bergkette entlang der indischen Ostküste. Zwei hier häufig anzutreffende Pflanzen sind der Salbaum (*Shorea robusta*) sowie Bambusdickichte (*Bambusa* sp.).

Regenfälle basieren unter anderem auf verdunstetem Seewasser aus der Bucht von Bengalen. Insgesamt fallen sie etwas geringer aus als in den nachfolgend beschriebenen Wäldern entlang der Western Ghats.

Diese flankieren vor allem die östliche Seite der Western Ghats, bis zu etwa 1000 m Höhe. Hier bilden sie eine Übergangszone zwischen Bergregenwäldern und laubabwerfenden Trockenwäldern. Es gehen jährlich etwa 1500 bis 2000 mm Regen über diesem Ökosystem nieder, wobei das Klima im Norden etwas trockener ausfällt als im Süden. Eine Trockenzeit von etwa 4 bis 5 Monaten ist charakteristisch und die Jahrestemperaturen liegen im Durchschnitt bei 24-27°C. In den heißen Monaten können sie aber auch auf über 40°C ansteigen. Insgesamt sind die feuchten laubabwerfenden Wälder Indiens nicht sonderlich reich an endemischen Tier- und Pflanzenarten.

Laubabwerfender Trockenwald

Laubabwerfende Trockenwälder prägen das Landschaftsbild in weiten Teilen des typisch tropisch dominierten Nord-, Zentral- und Südindiens. Ihr Verbreitungsgebiet umfasst sowohl Hügelketten mit bis zu etwa 1000 m Höhe als auch Tieflandregionen. Es handelt sich um Wälder mit relativ geringer Baumbestandsdichte, die zudem mit meist nur knapp 10 m einen recht niedrigen Kronenschluss aufweisen. Außerdem verfügen die Bäume für gewöhnlich über recht geringe Stammdurchmesser. Das soll aber nicht heißen, es gäbe grundsätzlich keine großen Bäume. Selten können auch bis zu 25 m Wuchshöhe erreicht werden.

Nach Westen und Osten wird der laubabwerfende Trockenwald in weiten Teilen von feuchten, laubabwerfenden Wäldern flankiert. Zum Südosten hin grenzt er an Dornstrauchsavannen. Das Ökosystem liegt im Regenschatten der Western Ghats. Und daher erfährt es, wie sein Name schon ausdrückt, mit etwa 900 mm bis 1500 mm relativ geringe Niederschlagsmengen im Jahresverlauf. Der Südwest-Monsun fungiert von Juni bis September als wichtigste Regenquelle, wohingegen dem Nordost-Monsun ein vernachlässigbarer Einfluss zukommt. Letzterer kann sogar eher als Trockenphase betrachtet werden, so dass eine ausgedehnte Trockenzeit von bis zu 8 Monaten nicht ungewöhnlich ist. In den ariden Phasen des Jahres,

Abb. 76+77 Lebensraum von *P. formosa, P. metallica* und *P. regalis.* Laubabwerfender Trockenwald in Südindien im Monsun (S. 44) und während der Trockenzeit (oben). Um das unwirtliche Klima der Trockenphasen zu überstehen, werfen so gut wie alle Bäume ihre Blätter ab. Während der trockenen Phasen des Jahres ist der Wald licht und leicht passierbar. In der Regenzeit hingegen ist es aufgrund von Dornranken fast unmöglich, den Wald unversehrt zu durchqueren.

insbesondere dem Prämonsun (Mai/Juni), kann es überaus heiß werden und Temperaturanstiege auf über 40°C sind an der Tagesordnung.

An diese extremen klimatischen Gegebenheiten hat sich die hier heimische Flora durch einen simplen Mechanismus angepasst: Mit der beginnenden Trockenzeit verlieren fast alle Bäume ihre Blätter und ein Großteil des bodennahen Unterwuchses stirbt ab. Die Vegetation wirkt nun überaus licht und karg. Fällt aber der erste Monsunregen, beginnt das pflanzliche Leben sich ausgesprochen schnell zu erholen. Bereits kurze Zeit nach den ersten Niederschlägen treiben die Bäume neue Blätter aus und der Unterwuchs beginnt sich zu regenerieren. Bald darauf erstrahlen die Baumkronen in sattem Grün und dichte Teppiche von Gräsern, durchsetzt von Dornranken, bedecken den Bodengrund. Die stellenweise recht häufigen Dornen machen es ziemlich schwierig, den Wald zu passieren. Es sei denn, schmerzhafte Hautrisse werden in Kauf genommen. Der beschriebene Lebensraum ist zwar insgesamt nicht sonderlich artenreich, wird aber dennoch von einigen *Poecilotheria*-Spezies (*P. formosa, P. hanumavilasumica, P. metallica* und *P. regalis*) besiedelt.

Dornwald

Dornwälder finden sich vielerorts in Indien sowie dem äußersten Norden Sri Lankas. Sie zeichnen sich durch eine sehr geringe Baumbestandsdichte und große Bestände von niedrigwüchsigen, oft

Abb. 78 Dornwald in Südindien, Lebensraum von *P. hanumavilasumica.* Die Bäume sind ziemlich spärlich im Gelände verteilt, flachwüchsig und weit ausladend. Regen fällt in diesem heißen Lebensraum nur selten und unregelmäßig. Der Wald grenzt an eine kommerzielle Tamarindenplantage.

Abb. 79+80 Immergrüner Trockenwald während der Trockenzeit in Nord Sri Lanka, Habitat von *P. fasciata*. Zwischen dichtem Strauchwerk und niedrigwüchsigen Bäumen finden sich immer wieder dicke, knorrige Exemplare, wie der rechts abgebildete *P. fasciata*-Wohnbaum.

stark bedornten Sträuchern aus. Akazien (*Acacia* sp.) sind typische Bäume dieser Region. Der Wald erreicht selten mehr als 6 bis 9 m Wuchshöhe. Mit ca. 750 mm Jahresniederschlag, ausgesprochen langen Trockenzeiten sowie Maximaltemperaturen von über 40°C am Tag ist dieser Lebensraum einer der klimatisch extremsten, den *Poecilotheria*-Arten, unter anderem *P. hanumavilasumica*, besiedeln. Oft werden Dornwälder als durch Abholzung und Überweidung hervorgerufene Degradationsstadien laubabwerfender Trockenwälder betrachtet. So finden sich inmitten von ausgedehnten Dornwäldern noch intakte Trockenwaldgebiete.

Immergrüner Trockenwald

Diese Waldform ist typischerweise in Tieflandregionen tropisch invertierter und bixerischer Klimazonen anzutreffen. Das heißt, sie ist über weite Teile Nord-, Ost- und Südost-Sri Lankas sowie einen schmalen Streifen entlang der Küste Südostindiens verbreitet. Der Wald erreicht mit maximal 20 m eine beachtliche Höhe und die Vegetation wirkt, verglichen mit laubabwerfenden Trockenwäldern, etwas dichter. Das gilt sowohl für den Baumbestand als auch für das Unterholz. Viele Bäume haben überdies einen verhältnismäßig dicken Stamm und dabei eine weit verzweigte und ausladende Krone.

In den Herbst- und Wintermonaten treten Herbstregen, oder der Nordost-Monsun, als wichtigste aber kurzlebige Regenquellen auf. An die Regenphasen schließt sich dann eine recht lange, bisweilen sehr heiße Trockenzeit an. Demzufolge fallen die jährlichen Niederschlagsmengen mit etwa 800 bis 1500 mm auch nicht besonders üppig aus.

Ein Gutteil der vorkommenden Pflanzenarten ist immergrün, und einige Arten zeigen xeromorphe Anpassungen, wie etwa ledrige schmale Blätter. Ein Verlust der Beblätterung findet während der Trockenzeit nicht statt. Im Kontrast zum laubabwerfenden Trockenwald ändert sich das Gesamtbild des Waldes daher im Jahresverlauf nur unwesentlich. Anthropogen verursachte Degradationsstadien des Waldes sind als Baumsavannen und immergrünes Buschland bekannt. *Poecilotheria* fasciata und *P. pederseni* bewohnen nicht nur den ursprünglichen Trockenwald, sondern sind darüber hinaus auch noch in Baum bestandenen Savannen zu finden.

Zusammenfassung

Im Prinzip können all die beschriebenen Waldformen *Poecilotheria*-Arten geeignete Lebensbedingungen bieten. Das bedeutet, eine pauschalisierte Darstellung typischer *Poecilotheria*-Habitate oder Verhaltensweisen wird vor dem Hintergrund der Verschiedenheiten dieser Lebensräume nicht immer möglich sein.

Abb. 81 Savanne in Südost-Sri Lanka, Lebensraum von *P. pederseni*. Dieser Landstrich war früher von dichtem Wald bedeckt.

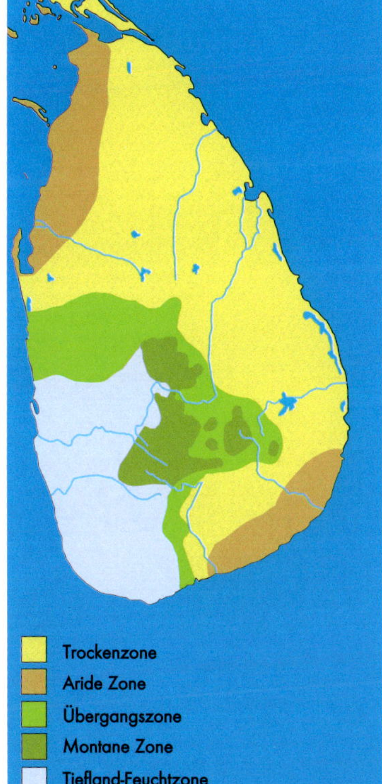

Abb. 82 (links) Klimakarte von Sri Lanka.

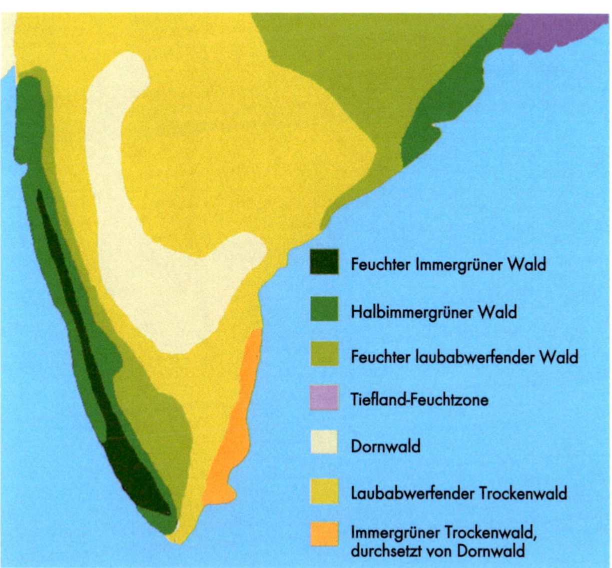

Abb. 83 (unten) Waldtypenkarte vom tropischen Indien.

Die Lebensweise von *Poecilotheria* spp.

Dass es sich bei den Arten der Gattung *Poecilotheria* um Baumbewohner handelt, sollte mittlerweile klar sein. An dieser Stelle gilt es nun darzustellen, wie das Leben der Tiere innerhalb ihrer Habitate aussieht. Dabei werden verschiedene Aspekte aus dem Lebenszyklus von *Poecilotheria* spp. beleuchtet.

Abb. 85 *P. hanumavilasumica* versteckt sich hinter Baumrinde.

Der Unterschlupf einer *Poecilotheria*

Innerhalb ihrer Habitate leben *Poecilotheria*-Arten fast ausschließlich in Baumhöhlen. Diese können z. B. durch Spechte, Pilze, oder Fraß von Käferlarven hervorgerufen werden und sind in naturbelassenen Wäldern ziemlich häufig. Selten spinnen die Tiere auch röhrenartige Netze in Baumspalten oder an Rinde, ähnlich südamerikanischen Vogelspinnen der Gattung Avicularia. Smith (2004 a+b) beobachtete dieses Verhalten bei *Poecilotheria hanumavilasumica*. Wir konnten es vereinzelt bei *Poecilotheria metallica* und *P. tigrinawesseli* feststellen. Pocock (1899) erwähnt diese Verhaltensweise zudem für *Poecilotheria fasciata*.

Abb. 84 Gespinströhre an einer Baumspalte, Versteck von *P. hanumavilasumica*. Ein derartiges Versteck ist untypisch für *Poecilotheria* spp., die sonst eher Baumhöhlen bewohnen.

Unter loser Rinde verstecken sich *Poecilotheria* spp. erfahrungsgemäß fast nie. Diese Nische scheint ziemlich unbeliebt zu sein. Darüber hinaus ist sie fast überall von Riesenkrabbenspinnen (Sparassidae) besetzt. Lediglich *P. hanumavilasumica* konnte bisher in derartigen Verstecken gefunden werden.

Poecilotheria spp. haben in verschiedenen Waldtypen auch verschiedene Möglichkeiten, Bäume als Versteckplätze zu nutzen. So leben sie in hochwüchsigen Wäldern oft in erstaunlicher Höhe, während sich in einigen Trockenwäldern bereits knapp 1 m über dem Boden *Poecilotheria*-Verstecke ausmachen lassen.

Abb. 86 Versponnener Eingang zum Versteck einer *Poecilotheria metallica*. Das dichte Verspinnen des Höhleneingangs verhindert das Entweichen von Feuchtigkeit aus der Höhle und sichert der Vogelspinne während der Trockenzeit ein erträgliches Klima.

Abb. 87 (a+b) Dicht versponnenes Versteck einer *P. metallica* in einer Baumspalte. Das ausgesprochen dichte Gespinst dürfte die zum Überleben der Spinne nötige Feuchtigkeit in der Baumspalte halten. Obwohl dieses Foto in der Trockenzeit, bei Temperaturen weit über 30 °C aufgenommen wurde, war es im Versteck der Spinne fühlbar feucht.

Abb. 88 Wohnbaum von *Poecilotheria metallica*. Etwa einen halben Meter unterhalb der Öffnung des Baumstammes lebt ein adultes *P. metallica* Weibchen. In Anbetracht der Trockenzeit hatte das Tier seinen Unterschlupf dicht mit Seide versponnen.

Sowohl abgestorbene als auch lebende Bäume können den meisten *Poecilotheria*-Arten geeignete Schlupfwinkel bieten. Nach SMITH et al. (2002, 2003) werden auch beide angenommen. Gemäß eigenen Erfahrungen finden sich zumindest größere Tiere jedoch vorwiegend in lebenden Bäumen. Junge Nymphen konnten während des SW-Monsuns aber auch häufig in Totholz gefunden werden, etwa in ausgefaulten Trichtern in Baumstümpfen. Einmalig konnte ein juveniles *Poecilotheria metallica* Weibchen sogar in einem am Boden liegenden Stück Holz entdeckt werden. Dabei handelt es sich aber um eine untypische Ausnahme. CHARPENTIER (1997) schreibt, *Poecilotheria rufilata* vor allem in hohlen, toten Bäumen in der Nähe von Wasser entdeckt zu haben. *Poecilotheria subfusca* soll tote Bäume mit großem Stammdurchmesser gegenüber jüngeren Bäumen bevorzugen (SMITH et al. 2003).

Die Tiefe der von einer *Poecilotheria* bewohnten Höhle schwankt zwischen 20 cm und, bei komplett hohlen Bäumen, mehreren Metern. Ihr Durchmesser wird meist so gewählt, dass die Spinne genug Platz hat, sich zu drehen und gleichzeitig Kontakt zu allen Höhlenwänden erfolgen kann. Für ein adultes *Poecilotheria*-Weibchen wären das ca. 5 bis 10 cm, für eine kleine Nymphe gerade mal Fingerbreite. Zu breite Höhlen werden erfahrungsgemäß nicht angenommen und Höhlen mit nur wenigen Öffnungen gegenüber solchen mit vielen bevorzugt. Die Eingänge zum Versteck sind oft erstaunlich klein und schmal.

Vermutlich sichern nach außen weitgehend abgeschlossene und tiefe Höhlen ihren Bewohnern während der Trockenzeit eine erträgliche Temperatur und Luftfeuchtigkeit. Obendrein kann häufig beobachtet werden, dass in der Trockenzeit die Öffnung des Unterschlupfes von den Tieren dicht versponnen wird. Auf diese Weise können sie zusätzlich das Entweichen von Feuchtigkeit verhindern. Das funktioniert ganz hervorragend, wie sich aus Beobachtungen im

Abb. 89 Wohnhöhle von *Poecilotheria smithi*.

Abb. 90 *Poecilotheria hanumavilasumica,* adultes Männchen. Dieses Tier hatte sich an der Wand eines Toilettenhäuschens inmitten einer Wohnsiedlung eingenistet.

Abb. 91 Verstreute Bäume inmitten von Reisfeldern und Viehweiden, Lebensraum von *P. miranda.* Der nächste, naturbelassene Wald ist mindestens 10 km von dieser Kulturlandschaft entfernt. Dennoch findet sich *P. miranda* hier in ungewöhnlich großen Populationsdichten.

Abb. 92 Cashewnuss-Plantage in Ostindien, Fundort von *P. tigrinawesseli.* Man beachte den angrenzenden Wald im Hintergrund. Auf weit vom Waldrand entfernten Plantagen konnten keine *P. tigrinawesseli* gefunden werden.

Terrarium leicht feststellen lässt. In dicht ausgesponnenen Becken ist es viel seltener nötig, Wasser nachzugießen, als in gespinstfreien. Es verdunstet aufgrund der Gespinstdecke schlichtweg weniger. Darüber hinaus könnten durch das Zuspinnen auch unerwünschte Gäste vom Eindringen in den Unterschlupf abgehalten werden.

Spezielle Baumarten spielen bei der Wahl des Versteckes für *Poecilotheria* offenbar eine untergeordnete Rolle. Viel wichtiger ist, dass der Baum den oben aufgeführten Ansprüchen der Tiere an den Unterschlupf gerecht wird. Überhaupt scheinen viele *Poecilotheria*-Arten sehr opportunistisch in der Wahl ihrer Schlupfwinkel vorzugehen. So kann z. B. *Poecilotheria regalis* nicht nur in Bäumen verschiedenster Arten sondern sogar in Bambusbeständen entdeckt werden. Hinweise indischer Landarbeiter deuten sogar darauf hin, dass eine in Nordwestindien gefundene *Poecilotheria regalis*-Population selbst Felsspalten als Versteckplätze nutzt.

Im Gegensatz zu früheren Hypothesen (Kirk 1991), die *Poecilotheria* spp. als strikte Kulturflüchter betrachteten, kristallisiert sich heute ein ganz neues Bild dieser Gattung heraus. Denn auch menschliche Besiedlungen bilden offenbar keine unüberwindbare Barriere im Verbreitungsmuster der Spinnen. Beispielsweise leben *Poecilotheria fasciata* und *P. hanumavilasumica* nicht selten in Kokospalmen (Cocos nucifera) (Smith, 2002, 2004b). *P. miranda* bewohnt Mangobäume auf Viehweiden sowie Reisfeldern. Und *P. tigrinawesseli* findet sich in Cashewnussplantagen (*Anacardium occidentale*) in der Peripherie ihrer natürlichen Habitate. Besonders bemerkenswert ist aber die Anpassungsfähigkeit von *Poecilotheria pederseni.* Diese Art fand sich in losen Baumbeständen und Vorgärten, unmittelbar an einer viel befahrenen Hauptstrasse. Hin und wieder nisten sich *Poecilotheria*-Arten selbst innerhalb von menschlichen Behausungen ein (West 2001, Pocock 1899). Beispielsweise wurden die Tiere in Fensterrahmen, Dachstühlen, Toilettenhäuschen und Abstellkammern entdeckt.

Eine Ausnahme scheint aber *Poecilotheria rufilata* zu bilden. Laut Charpentier (1996) beschränken sich Funde dieser Tiere weitgehend auf Kiefern (Pinus strobus) und Jackfruchtbäume (Artocarpus heterophyllus) in naturbelassenen Wäldern.

Bestandsdichte von *Poecilotheria* spp. und ihre Verbreitung im Habitat

Die meisten *Poecilotheria*-Arten sind allopatrisch verbreitet. Das bedeutet, die Verbreitungsgebiete einzelner Spezies überschneiden sich nicht. Allerdings kommen *Poecilotheria formosa, P. metallica* und *P. regalis*, teilweise nur wenige 100 m auseinander, sympatrisch vor, das heißt sie leben gemeinsam im selben Habitat. Während mehrere junge Nymphen oft sehr nahe dem Versteck ihrer Mutter anzutreffen sind, ist die Bestandsdichte adulter Tiere der meisten Arten eher gering. Selbst bei großer Anzahl brauchbarer Verstecke beträgt die Distanz zwischen zwei Tieren gewöhnlich annähernd 100 m. Doch auch hier sollen Ausnahmen nicht unerwähnt bleiben. Smith (2004b) berichtet über eine regelrechte Kolonie von *Poecilotheria hanumavilasumica* in der beinahe jeder Baum von einem Adultus besetzt ist. Überdies konnten wir einmalig sechs adulte *P. tigrinawesseli* direkt nebeneinander in einer Cashewnussplantage, sowie vier adulte *Poecilotheria metallica*-Weibchen auf nur 250 m^2 ausfindig machen. Kürzlich konnte eine derartige Ansammlung auch im Habitat von *Poecilotheria ornata* entdeckt werden. Hier fanden sich ebenfalls vier Weibchen nur wenige Meter auseinander.

Abb. 93 Kokosplantage am Waldrand, Fundort von *P. fasciata*. Vor einigen Jahren sind *P. fasciata* aus dem benachbarten Wald in die Plantage eingewandert. Mittlerweile sind die Tiere hier häufiger anzutreffen, als in naturbelassenen Waldarealen.

Bedenkt man schließlich die Tendenz einiger *Poecilotheria*-Arten zur Gruppenbildung, dann erscheint auch deren Bestandsdichte in einem anderen Licht. Es ist nämlich bei einigen Arten nicht ungewöhnlich, mehrere Tiere am selben Baum, ja sogar im selben Versteck zu finden. Dazu aber später mehr.

Adulte *Poecilotheria*-Weibchen sind ausgesprochen standorttreu. Haben sie ein geeignetes Versteck bezogen, bewohnen sie dieses über viele Jahre, vermutlich sogar den Rest ihres Lebens. Derartiges Verhalten konnten wir nicht nur wiederholt in der Natur beobachten, sondern es wurde uns auch regelmäßig von Einheimischen bestätigt.

Daher sollte es in der Terrarienhaltung möglichst vermieden werden, die Becken adulter Tiere regelmäßig zur Reinigung komplett auszuräumen und gänzlich neu einzurichten. Eine derartige Vorgehensweise zwingt die Spinne jedes Mal, sich an eine neue Umgebung zu gewöhnen und trägt sicherlich nicht zu ihrem Wohlbefinden bei.

Das Mikroklima im Unterschlupf und die Klimapräferenz von *Poecilotheria* spp.

Viele *Poecilotheria*-Arten leben in ausgesprochen trockenen und heißen Klimazonen und müssen mitunter lange Trockenphasen überdauern. Beispielsweise können die Temperaturen im Lebensraum von *P. metallica* im Mai auf über 50°C (bei unter 40% relativer Luftfeuchtigkeit) ansteigen. Wie aber gelingt es den Tieren derartige klimatische Extrema unbeschadet zu überstehen?

Die Antwort auf diese Frage ist einfacher als es auf den ersten Blick scheinen mag: Der Aufenthaltsbereich des Tieres entscheidet über die Klimabedingungen, denen es ausgesetzt ist. Wie wir uns bei zu großer Sonneinstrahlung in den Schatten flüchten, haben auch *Poecilotheria*-Arten verschiedene Möglichkeiten, allzu großer Hitze und Trockenheit zu entgehen.

Abb. 94 Messaufbau am Versteck einer *P. tigrinawesseli*

Eine besonders wichtige Funktion bei der Klimaregulation kommt offenbar dem Unterschlupf der Tiere zu. In ihren Schlupfwinkeln ist es meist merklich kühler und feuchter als außerhalb des Versteckplatzes. In den nachfolgenden Ausführungen soll dieser Umstand anhand einiger Klima-Messreihen erläutert werden, die inner- und außerhalb von *Poecilotheria*-Verstecken aufgezeichnet wurden.

Die Messungen wurden mit Hilfe eines Datenloggers der Firma ELV vorgenommen, der 24-stündige, automatische Aufzeichnungen im Intervall von einer Minute durchführte.

Der Fühler des Messgerätes wurde während der Aufzeichnungen im nächtlichen Aufenthaltsbereich des Tieres an einem Baum platziert. Zum Vergleich wurde parallel dazu eine weitere 24-Stunden-Messung innerhalb der Höhle der Spinne durchgeführt. Diese Mesungen erbrachten durchaus interessante Ergebnisse:

Zunächst einmal fällt auf, dass während der hellen Stunden des Tages (etwa von 6:00 bis 18:00 Uhr) deutlich niedrigere Temperaturen innerhalb des Unterschlupfes zu messen sind als außerhalb. Zudem unterliegen die Temperaturen im Schlupfwinkel während des Tages kaum kurzfristigen Schwankungen. Außerhalb des Versteckes hingegen variieren die Temperaturen innerhalb kurzer Zeitspannen erheblich. Ferner wird deutlich, dass sich die Nachttemperaturen inner- und außerhalb des Versteckplatzes der Spinnen nicht sonderlich voneinander unterscheiden. Zudem schwankt innen die relative Luftfeuchtigkeit im Tag-Nacht-Wechsel nur unwesentlich (um ca. 15%). Im Vergleich dazu verändert sie sich außerhalb des Versteckes um gut 40%. Das bedeutet, das Klima innerhalb der Höhle ist insgesamt stabiler als außerhalb.

Eine im Februar 2006 am Wohnbaum einer *Poecilotheria rufilata* durchgeführte Messreihe erbrachte vergleichbare Ergebnisse. Möglicherweise handelt es sich bei dem aufgezeigten Temperatur- und Luftfeuchtigkeitsverlauf inner- und außerhalb der Wohnhöhle also um ein vorhersagbares Faktum.

Zusammenfassung und Schlussfolgerungen für die Terrarienhaltung

Ihre Höhle bietet den Tieren offenbar die Möglichkeit, trockenheißen Klimabedingungen auszuweichen. Zudem gewährleistet der Unterschlupf relativ stabile Klimawerte und das Tier ist hier keinen allzu großen Schwankungen von Temperatur und Luftfeuchtigkeit ausgesetzt. Durch das Zuspinnen der Höhleneingänge kann noch zusätzlich dem Entweichen von Feuchtigkeit entgegengewirkt werden. Vor allem für Jungtiere, die in der Trockenzeit schlüpfen, dürfte das so geschaffene Mikroklima der mütterlichen Höhle überlebenswichtig sein.

Interessant ist außerdem, dass das Tagesklima innerhalb der Höhle manchmal dem nächtlichen Klima außerhalb des Unterschlupfes ähnelt. Nachts zeigt das Klima außen nur geringe Schwankungen und die Temperaturen sind relativ niedrig. Eine *Poecilotheria*, die den Tag in ihrem Versteck verbringt und es nachts verlässt, erfährt also rund um die Uhr sehr ähnliche Klimawerte. Daher sollte in der Terrarienhaltung auch von allzu großen Nachtabsenkungen der Temperatur abgesehen werden.

Es sollte klar geworden sein, dass zu hohe Temperaturen in Verbindung mit niedriger Luftfeuchtigkeit von den Tieren offenbar als unangenehm empfunden werden.

Diese Aussage muss allerdings relativiert werden. Für eine Art aus Trockenwäldern dürfte eine sehr hohe Feuchtigkeitssättigung der Luft sicherlich keinen allzu positiven Einfluss auf das Wohlbefinden haben. Für diese Tiere wären 70% relative Luftfeuchte bei 28°C bereits viel, während Werte um 90% eher unnatürlich sind.

Das Klima sollte im Terrarium also den Lebensbedingungen der Pfleglinge angepasst werden. Eine „viel hilft viel Mentalität" wird kaum Erfolge nach sich ziehen.

Zuletzt scheint es erwähnenswert, dass ein Anstieg der Luftfeuchte außerhalb der Höhle, z. B. nach oder während Regenschauern, eine *Poecilotheria* veranlassen kann, ihren Schlupfwinkel zu verlassen. Während der Regenzeit konnten wir, vor allem nach Schauern, Männchen und Nymphen von *Poecilotheria miranda* und *P. metallica* sogar tagsüber außerhalb ihrer Schlupfwinkel finden.

Wir konnten sogar Tiere beobachten (*Poecilotheria tigrinawesseli)* die tagsüber während eines intensiven Regenschauers ihr Versteck verließen und sich vom Wasser regelrecht überbrausen ließen.

Offenbar können günstige klimatische Gegebenheiten also sogar die Aktivitätsrhythmik der eigentlich nachtaktiven Spinnen verschieben. Möglicherweise hat ein Klimawechsel aber auch nur indirekten Einfluss auf die Aktivität der Spinnen. Eventuell ist es auch die mit steigender Luftfeuchtigkeit und sinkenden Temperaturen zunehmende Anzahl potentieller Beutetiere, die die Spinnen während des hellen Tages zum Verlassen ihrer Schlupfwinkel treibt.

Weitere Möglichkeiten der Klimaregulation

Ergänzend zum Rückzug in die Höhle bieten sich für Arten aus Hügel- oder Bergregionen noch zwei weitere Möglichkeiten, ungünstigem Klima auszuweichen. Und die finden besonders in sehr heißen Gegenden Verwendung. Erstens kann beobachtet werden, dass sehr sonnige Südhänge trotz geeignet erscheinender Versteckmöglichkeiten kaum besiedelt sind. Das ist verständlich, wenn man bedenkt, dass die Temperaturen hier in manchen Monaten weit über 40°C erreichen. Im Habitat von *Poecilotheria metallica* konnten wir um 11:45 Uhr an einem Nordhang eine Temperatur von 33°C messen. An einem Südhang im selben Habitat hingegen betrug die zur selben Zeit gemessen Temperatur bereits annähernd 40°C.

Zweitens eröffnet sich den Tieren die Möglichkeit nur solche Höhenlagen zu besiedeln, in denen bereits merkliche Temperaturabfälle gegenüber Tallagen zu verzeichnen sind. Beispielsweise konnten wir *Poecilotheria metallica* vorwiegend auf 500 bis zu etwa 1000 Höhenmetern entdecken. Eine derartige Habitatpräferenz bietet zwar keine gewaltigen Temperaturdifferenzen, jedoch immerhin gut 3 bis 5°C Abkühlung gegenüber Tallagen. Das mag vielleicht auf den ersten Blick recht wenig erscheinen. In Verbindung mit weiteren klimaregulierenden Faktoren, wie einer gut abgeschlossenen und nur wenig besonnten Höhle, kann es aber ein wichtiger Schritt sein, um der Spinne angenehme Lebensbedingungen zu ermöglichen. Daher sollte eine *Poecilotheria metallica* keinesfalls bei Temperaturen um 40°C gehalten werden. Auch wenn in ihrem Lebensraum bisweilen derart extreme Temperaturen zu verzeichnen sind, bedeutet das nicht, dass die Tiere diesen Werten auch direkt ausgesetzt wären.

Abb. 95 ***Poecilotheria hanumavilasumica*** **beim abendlichen Verlassen ihres Unterschlupfes. Das Tier ließ sich etwa 10 cm unterhalb des Eingangs seiner Höhle nieder und lauerte hier die ganze Nacht reglos auf vorbeikommende Beutetiere.**

Jagdverhalten von *Poecilotheria* spp.

Poecilotheria spp. leben als vorwiegend nachtaktive Lauerjäger, die Beutetiere bis etwa zur eigenen Körpergröße überwältigen.

Einige Zeit nach Sonnenuntergang und damit bei sinkenden Temperaturen sowie steigender Luftfeuchtigkeit beginnt die Aktivitätsphase der Tiere. Das heißt sie verlassen ihre Verstecke, in denen sie den Tag weitgehend unbewegt verbracht haben, um in deren Nähe auf vorbeikommende Beute zu warten. Dabei verharren sie meist regungslos an einer Stelle und selbst bei längerer Betrachtung lassen sich nur selten erwähnenswerte Bewegungen der Tiere registrieren. Das bedeutet, im Regelfall beträgt der tägliche Aktionsradius einer typischen *Poecilotheria* höchstens einige Meter, eher sogar deutlich weniger. Das gilt natürlich nur solange die Tiere keine besonders aktiven Lebensphasen durchlaufen, wie z. B. Weibchen vor der Eiablage oder Männchen während der Paarungszeit.

Wurde Beute gemacht, ziehen sich die Spinnen damit häufig in ihren Unterschlupf zurück und zeigen sich in der Nacht dann nicht mehr außerhalb der Höhle. Manchmal verbleiben sie aber auch am Jagdort, um ihre Nahrung dort zu verzehren. Dabei kann oft beobachtet werden, wie sie das Beutetier und die unter diesem befindliche Rinde mit einem feinen Gespinst überziehen. Der Zweck dieses Verhaltens ist uns nicht bekannt. Erwähnenswert ist aber, dass Reste dieser Gespinste auf die Besiedlung eines Baumes durch *Poecilotheria* spp. hindeuten können. Die Überreste seiner Mahlzeiten können den Bewohner also verraten.

Beutetiere und deren Einfluss auf den Bestand von *Poecilotheria* spp.

Die Monsunwälder Indiens und Sri Lankas bieten ein äußerst variables Beutespektrum, von zahllosen Arthropoden über Amphibien und Reptilien bis hin zu Kleinsäugern. Nach eigenen Beobachtungen werden vor allem baumbewohnende Grillen, verschiedene Heuschrecken und kleine Geckos erbeutet. Laut Pocock (1899) sollen aber selbst junge Ratten zur Beute von *Poecilotheria* spp. gehören. Insgesamt ist festzustellen, dass die meisten *Poecilotheria*-Arten nicht sonderlich wählerisch sind was ihr Futter angeht. Im Prinzip fressen sie alles was sie überwältigen können.

Gelegentlich teilen sich *Poecilotheria*-Arten mit einer Vielzahl kleiner, holzbewohnender Ameisen ihren Unterschlupf. Anscheinend werden sie von diesen in keiner Weise beeinträchtigt. Vielleicht dienen die Ameisen aber als erste Nahrung für Jungtiere.

Die Verfügbarkeit des Futters schwankt saisonal oft sehr stark. So konnten wirklich gut genährte Tiere nur in der Hauptvegetationszeit der Pflanzen beobachtet werden, also während und kurz nach der Regenzeit. In der trockenen Prämonsunzeit hingegen wirken gefangene *Poecilotheria* spp. mitunter gefährlich unterernährt.

Aus dieser Nahrungsknappheit folgt eine nicht unerhebliche Konkurrenz, sowohl intra- als auch

Abb. 96 Schabe – ein mögliches Beutetier.

Abb. 98 Käfer an Tamarindenbaum.

interspezifisch. Das bedeutet, wenn sich *Poecilotheria*-Arten untereinander und mit anderen Räubern die Futtermenge in ihrem Habitat teilen müssen, dürfte das ihre Bestandsdichte drastisch beeinflussen. Aus jüngsten Beobachtungen möchten wir sogar folgern, dass das Nahrungsangebot als einer der wichtigsten Faktoren auf die Regulation der Bestandsdichte wirkt. Die Anzahl von Versteckmöglichkeiten spielt hingegen eine eher untergeordnete Rolle.

Abb. 97 Diese völlig unterernährte *P. miranda* wurde im Prämonsun gefunden. In den trockenen Jahreszeiten ist Futter äußerst knapp und die Spinnen sind mitunter gezwungen, monatelang zu hungern. Eine mehr oder weniger lange Fastenzeit im Terrarium schadet den Tieren also keineswegs und ist kein Grund zur Sorge.

Beispielsweise entdeckten wir auf Tamarindenbaumplantagen (*Tamarindus indica*) in Südindien einige überaus individuenstarke *Poecilotheria hanumavilasumica*-Kolonien. Die Plantagen boten zwar im Verhältnis zur Besiedlungsdichte durch *P. hanumavilasumica* nur wenige Versteckmöglichkeiten, dafür aber riesige Futterreserven.

Die nächtliche Auszählung der *Poecilotheria*-Bestandsdichte auf einer Fläche von etwa 5000 m^2, erbrachte ein erstaunliches Ergebnis. Das Areal war von 12 Tamarindenbäumen und einer Akazie (*Acacia* sp.) bewachsen. Bis auf die Akazie und einen Tamarindenbaum waren alle anderen 11 Bäume von *P. hanumavilasumica* bewohnt. Es konnten 8 adulte Weibchen, ein Männchen sowie 19 Nymphen verschiedenen Alters, also zusammen 28 Tiere, entdeckt werden. Zu berücksichtigen ist hier aber sicherlich noch eine nicht unerhebliche Dunkelziffer von Spinnen, die schlichtweg übersehen wurden. Ein Bestand von weit über 30 Exemplaren erscheint in diesem kleinen Habitatausschnitt nicht unrealistisch. Wird eine derartige Bestandsdichte nun für komplette Tamarindenplantagen errechnet, die durchaus Flächen von 1 km^2 und mehr überspannen, ergeben sich Populationen von etlichen 1000 Tieren. Unsere Auszählung deckt sich recht gut mit den bereits erwähnten Beobachtungen von SMITH (2004b). Er konnte im Habitat von *P. hanumavi-*

Abb. 99 Raupen an einem Tamarindenbaum, eine der Hauptnahrungsquellen der hier lebenden *Poecilotheria hanumavilasumica*. Man beachte das Netz einer *P. hanumavilasumica*, um das sich die Raupen unmittelbar verteilt haben. Die Spinne brauchte zur Nahrungsaufnahme also nur noch zuzugreifen.

lasumica eine Kolonie von etwa 600 bis 800 Exemplaren auf 0,24 km^2 ausfindig machen. Interessanterweise ist es auf den Tamarindenplantagen nicht einmal ungewöhnlich, mehrere adulte Weibchen am selben Baum zu finden. Doch wie lässt sich diese für *Poecilotheria* spp. ungewöhnliche hohe Bestandsdichte erklären? Unseres Erachtens wirken die großen Futtermengen auf den Tamarindenplantagen als wichtigste Ursache. Auf jedem Baum siedeln außerordentlich große Mengen von Arthropoden, insbesondere Schmetterlingslarven, Käfer und Schaben. Diesen Tieren scheint *Tamarindus indica* ideale Lebensgrundlagen zu bieten. Um ein Beispiel zu geben: unter einem nur knapp 20 mal 30 cm messenden losen Rindenstück verteilten sich gut 20 Käfer, 10 Raupen und 3 Schaben. Und das sogar in der Trockenzeit. Jedes dieser potenziellen Beutetiere hatte mindestens 2 cm Körperlänge. Für einen ganzen Baum ergeben sich so Stückzahlen von vielen 1000 Futterinsekten. Inmitten derartiger Beutedichte lebt eine *Poecilotheria* natürlich "wie die Made im Speck". Und selbst bei mehreren Spinnen am selben Baum kommt kaum Konkurrenz um Futtertiere auf. Bei all dem Futterüberfluss fehlt es aber vielfach an Höhlen in den Tamarindenstämmen. Aus diesem Grund sind die Spinnen gezwungen, auf eher untypische Schlupfwinkel, wie etwa lose Rindenstücke, auszuweichen. Oder sie müssen sich sogar mit selbst gesponnenen Seidenröhren begnügen. Ist also Futter in ausreichender Menge vorhanden, scheint es für die Tiere kein Problem darzustellen, auch weniger geeignete Verstecke zu beziehen. Eine sonst oft zu beobachtende Präferenz für bestimmte Höhlen wird hier völlig zurückgestellt. Wenn aber zu wenig Futter vorhanden ist, dann helfen auch keine Versteckmöglichkeiten, um die Bestandsdichte zu erhöhen.

Anzumerken ist noch, dass wir kein einziges adultes Weibchen unter loser Rinde entdecken konnten. Diese Tiere bewohnen immer Höhlen im Stamm der Bäume. In den trockenheißen Klimazonen Südostindiens, dem Lebensraum von *P. hanumavilasumica*, sind schützende Höhlen wahrscheinlich unabdingbar, um frisch geschlüpfte Jungspinnen vor dem Vertrocknen zu bewahren. Darüber hinaus bieten die recht eng anliegenden Rindenstücke der Tamarindenbäume nicht genug Platz für ein gut genährtes, adultes Weibchen.

Zuletzt sei noch darauf hingewiesen, dass die zu Grunde liegende Untersuchung in kommerziellen Tamarindenpflanzungen durchgeführt wurde. In diesen fehlen sicher einige natürliche Feinde der Spinnen. Hier könnte also ein weiterer Grund für die enorme Populationsdichte der Vogelspinnen liegen.

Fortpflanzung und Entwicklung

Nicht nur das Vorhandensein von ausreichend geeigneter Nahrung ist häufig eng mit klimatischen Gegebenheiten verknüpft. In besonderem Maße scheint auch die Fortpflanzung vieler *Poecilotheria*-Arten einer klimaabhängigen, circannualen Rhythmik zu unterliegen.

Balz und Paarung

Mit dem sich abzeichnenden Ende der Trockenzeit, und während der Regenzeit, treten auffallend viele frisch adulte Männchen auf. In die gleiche Zeit fallen auch die Häutungen vieler Weibchen. Männliche Tiere beginnen nach dem Bau ihres Spermanetzes, ca. 14 Tage nach der Reifehäutung, aktiv nach geeigneten Partnerinnen zu suchen. Dabei sind sie mitunter sogar tagsüber, vor allem nach Regenschauern, zu beobachten.

Abb. 100 Männchen und Weibchen von *P. tigrinawesseli*, balzend am Wohnbaum des Weibchens.

Abb. 101+102 Ein *P. tigrinawesseli*-Weibchen reagiert auf die Balzsignale des Männchens und verlässt seine Höhle (oben). Das Männchen hat sich dem Weibchen genähert und der Moment der Paarung steht kurz bevor (unten).

Treffen Männchen und ein paarungsbereites Weibchen aufeinander, wird meist umgehend die Balz eingeleitet. Manchmal dauert es aber auch einige Zeit, bis die Tiere Interesse aneinander finden.

Vor der eigentlichen Paarung spielt sich ein für *Poecilotheria* typisches Balzritual ab. Nach Beobachtungen im Terrarium ist dieses vorwiegend auf die Nachtstunden beschränkt.

Mit zuckendem Körper und abwechselnd trommelnden Vorderbeinen verlässt das Weibchen seinen Unterschlupf und läuft geradewegs auf das Männchen zu. Dieses trommelt währenddessen schnell und, vor allem auf hartem Untergrund, deutlich hörbar mit den Tastern. Hat sie ihn erreicht, weicht er vor ihr zurück, trommelt erneut, sie folgt und das ganze Spiel beginnt von vorne.

Dieser Vorgang wiederholt sich so lange, bis das Männchen seine Partnerin in eine geeignete Position zur Insertion seiner Bulbi gelotst hat. Das kann zwischen fünf Minuten und mehreren Stunden dauern.

Das Balzritual ist artübergreifend relativ unspezifisch und demzufolge reagieren Tiere beiderlei Geschlechts auch auf die Balzsignale artfremder Geschlechtspartner.

Die auf die Balz folgende eigentliche Paarung, das Einführen eines oder beider Emboli in das Receptaculum seminis des Weibchens und die Spermaabgabe, geht blitzschnell vonstatten und ist nach wenigen Sekunden beendet. Danach trennen sich beide Tiere meist friedlich. Hin und wieder endet das Männchen aber auch in den Fängen seiner hungrigen Partnerin. Derartige Kannibalismusfälle sind nicht auf bestimmte Arten beschränkt, sondern treten innerhalb der gesamten Gattung *Poecilotheria* auf. Wohl aber zeigen bestimmte Spezies, namentlich *Poecilotheria fasciata, P. miranda, P. ornata, P. pederseni, P. regalis* und *P. rufilata* eine erhöhte Neigung zum „Männermord“. So gibt es einige *Poecilotheria*-Weibchen genannter Arten, die nach der Paarung sofort eine regelrechte Jagd auf das Männchen beginnen. Ähnliche Reaktionen, oder zumindest eine aggressive Abwehrhaltung, werden balzenden Männchen von nicht paarungsbereiten Weibchen entgegengebracht.

Andererseits konnte in der Terrarienhaltung auch schon oft beobachtet werden, wie Männchen und Weibchen wochen- bis monatelang friedlich im selben Behältnis, ja sogar in derselben Höhle lebten. Diese Koexistenz wurde meist spätestens mit dem bevorstehenden Kokonbau jäh beendet.

Zumindest in der Natur ist aber anzunehmen, dass das Männchen mit seinen weitläufigen Fluchtmöglichkeiten eher selten Kannibalismus zum Opfer fällt. Hierzu konnten wir während der Paarungszeit im Habitat von *Poecilotheria tigrina-*

Abb. 103+104 Paarung von *Poecilotheria metallica.*

Abb. 105+106 Paarung von *Poecilotheria metallica.*

wesseli eine interessante Beobachtung machen: Ein balzendes Männchen näherte sich abends der Höhle eines offenbar nicht paarungswilligen Weibchens. Als sie versuchte ihn zu erbeuten, rettete er sich durch einen blitzschnellen Sprung von ihrem Wohnbaum. Dabei handelt es sich um eine effektive Fluchtstrategie, die so manchem Spinnenmann das Überleben sichern mag. Und wie wir später sehen werden, wird sie auch von Nymphen angewendet.

Abb. 107 *P. tigrinawesseli*-Männchen nach einem Sprung vom Baum, einem hungrigen Weibchen gesund entronnen.

Kokonbau und Entwicklung vom Ei zur Spinne

Die in die Paarungszeit fallende Regenzeit fördert ein großes Nahrungsangebot, vor allem an verschiedenen Insekten, so dass sich das Weibchen in den Monaten nach der Kopulation ausreichend Energiereserven für den Kokonbau anfressen kann. Zum Ende der Regenzeit finden sich dann nicht nur auffallend gut genährte, sondern vor allem viele trächtige Spinnen. Mit der einsetzenden Trockenzeit ziehen sich die Tiere tief in ihre Verstecke zurück und spinnen sich dort blickdicht ein. Gleichzeitig werden die Innenwände des Unterschlupfes mit einer Gespinstdecke versehen.

Abb. 108+109 *Poecilotheria miranda*-Weibchen mit Kokon. Die Tiere verteidigen ihr Gelege äußerst verbissen.

Abb. 110 *Poecilotheria miranda*-Weibchen mit Kokon.

Die folgende Kokonbauphase erstreckt sich dann vor allem über die Wintermonate Dezember bis Februar. Zwischen Paarung (im Sommer) und Kokonbau können also ohne weiteres 6-8 Monate vergehen.

In einem Habitat erfolgt die Eiablage oft erstaunlich simultan, was Rückschlüsse auf den Kokonbau auslösende Reize ziehen lässt. So könnten etwa steigende Temperaturen zum Ende des Winters oder auch zunehmende Niederschläge zum Jahresbeginn die Eiablage auslösen. Nach Beobachtungen im Terrarium kommt beiden Faktoren eine wichtige Bedeutung zu.

SMITH et al. (2002) berichten über gänzlich fehlende Kokons in klimatisch ungünstigen, z. B. sehr trockenen Jahren bei *P. fasciata*. Eine Feststellung, die sicher auf die Terrarienhaltung übertragen werden kann und mit der die bisher nur mäßigen Nachzuchterfolge bei vielen Arten wohl zu erklären sind. Geeignetes Klima zu simulieren ist demgemäß ein wichtiger Schritt zur erfolgreichen Zucht.

Die Anzahl der gelegten Eier variiert, je nach Art, zwischen ca. 40 bis knapp über 250 Stück. Innerhalb bestimmter Artengruppen bleibt die Eizahl aber relativ konstant. *Poecilotheria formosa, P. rufilata* und *P. subfusca* legen etwa 40 bis 100 Eier, *P. metallica, P. miranda, P. smithi* und *P. tigrinawesseli* 100-150 und *P. fasciata, P. hanumavilasumica, P. ornata, P. pederseni, P. striata* und *P. regalis* 100 bis etwa 250. Intraspezifische Schwankungen der Eizahl dürften vor allem durch die mehr oder weniger guten

Ernährungszustände der trächtigen Tiere hervorgerufen werden. Das Alter eines Weibchens scheint hingegen eine untergeordnete Rolle bei der Gelegegröße zu spielen. Beispielsweise baute eine gerade erst adulte *Poecilotheria striata* von knapp 5cm Körperlänge einen Kokon mit über 200 Eiern. Allerdings entwickelt sich aus Gelegen junger Weibchen oftmals ein viel geringerer Prozentsatz als aus denen älterer Tiere. So baute ein junges *P. pederseni*-Weibchen einen Kokon mit gut 150 Eiern, von denen sich nur etwa 20 entwickelten. Während der gesamten Entwicklungsphase bleibt die Mutter bei ihrem Kokon, bewacht ihn, verteidigt ihn äußerst vehement und verlässt ihn, wenn überhaupt, nur sehr selten zum Trinken oder Fressen.

Prälarven und Larven – die Entwicklung zur fertigen Spinne

Die im Folgenden aufgeführten Entwicklungszeiten gelten für Durchschnittstemperaturen von 28°C, bei 23°C verlängern sie sich um insgesamt etwa 14 Tage.

Etwa vier Wochen nach der Eiablage schlüpfen Prälarven aus den bei *Poecilotheria* spp. etwa 4 bis 5 mm großen Eiern. In diesem Stadium erreichen die Tiere eine Körperlänge von zirka 6 bis 7 mm und haben noch wenig Ähnlichkeit mit einer voll entwickelten Vogelspinne. Vielmehr gleichen sie „Eiern mit Beinen" und sind noch fast völlig bewegungsunfähig. Lediglich ihre Beine können langsam hin- und herschwenken. Nach weiteren drei Wochen häuten sich die Prälarven zu den etwa 7 bis 8 mm großen Larven, die sich bereits selbstständig fortbewegen können. Jetzt öffnet das Muttertier den Kokon, worauf die Larven ihn verlassen und sich um sie verteilen. Dabei sitzen sie dicht beieinander. Sowohl Prälarven als auch Larven sind nicht auf externe Nahrung angewiesen, sondern verfügen mit ihrem Dottervorrat über ausreichend Energiereserven bis zur nächsten Häutung.

Für gewöhnlich häuten sich Vogelspinnenlarven, so auch die von vielen *Poecilotheria*-Arten, etwa zwei bis drei Wochen nach dem Verlassen des Kokons in das erste Nymphenstadium. Bei einer Körperlänge von 8 bis 12 mm, sind die kleinen Spinnen nun voll entwickelt, voll mobil und beginnen ihr räuberisches Leben. Deshalb wird das erste Nymphenstadium umgangssprachlich oft auch als „erste Fresshaut" bezeichnet.

Abb. 111+112 Prälarven, das erste postembryonale Entwicklungsstadium von Spinnen, hier von *P. miranda*. Oben rechts im oberen Bild sind noch Reste der Eihüllen zu erkennen. In diesem Entwicklungsstadium ähneln die kleinen Spinnen eher voll gesogenen Zecken, als ihren Elterntieren. Der Hinterleib der noch fast völlig bewegungsunfähigen Tiere ist mit Dotter gefüllt, von dem sie sich ernähren.

Abb. 113 Larve, zweites postembryonales Entwicklungsstadium, hier von *P. metallica*. In diesem Stadium öffnet die Mutter ihren Kokon und die Jungspinnen, die jetzt selbstständig laufen können, verlassen die Seidenhülle, um sich um ihre Mutter zu verteilen. Externe Nahrung wird von den kleinen Spinnen noch nicht benötigt.

Abb. 114 Larve II – ein für Vogelspinnen sehr ungewöhnliches Zwischenstadium, hier von *P. tigrinawesseli*. In diesem Stadium nehmen die Spinnen gelegentlich bereits externe Nahrung an, können sich aber auch ohne vorher gefressen zu haben, ins nächste Entwicklungsstadium häuten.

An dieser Stelle ist eine Besonderheit zu erwähnen, die bei *Poecilotheria formosa, P. metallica, P. miranda* und *P. tigrinawesseli* auftritt. Der Entwicklungszyklus all dieser Arten zeichnet sich durch ein zweites Larvenstadium aus. Dabei handelt es sich um eine morphologische Übergangsform zwischen Larve und Nymphe, die das Erreichen des Nymphenstadiums um ca. drei Wochen hinauszögert. In dieser Phase leben die jetzt etwa 8 mm großen Jungspinnen in aller Regel noch von ihrem Dottervorrat. Auf externe Nahrung sind sie nicht angewiesen. Allerdings ernähren sich die Tiere hin und wieder auch von ihren noch im ersten Larvenstadium befindlichen Geschwistern. Alle Arten mit „zweitem Larvenstadium" und damit korrelierendem Kannibalismusverhalten stammen aus typisch tropischen Klimaten, die einen trockenheißen Prämonsun aufweisen. Möglicherweise handelt es sich bei dem Kannibalismusverhalten um eine Anpassung an die harsche Prämonsunzeit und die hier vorherrschende Nahrungsknappheit. In Ermangelung von z. B. kleinen Insekten in ausreichender Anzahl werden kurzerhand die im Wachstum verzögerten (schwächeren) Geschwister zur ersten Beute. So sichern sie zumindest einem Teil des Geleges das Überleben. Darüber hinaus bietet Kannibalismus in der frühen Jugendphase im Falle von *Poecilotheria miranda,* welche ein sehr hoch entwickeltes soziales Verhalten aufweist, einen weiteren Vorteil. Die Tiere leben nicht selten bis zum Erreichen der Geschlechtsreife und sogar länger gemeinschaftlich in einem Unterschlupf. Dabei kommt das Fressen der eigenen Geschwister in einer kurzen Jugendphase einem Ausschalten späterer Konkurrenten gleich. Denn zu viele adulte Tiere in einem Versteck würden nicht nur die Kapazitäten eines Wohnbaumes überlasten, sondern auch eine hohe Nahrungskonkurrenz darstellen.

Interessanterweise sind *Poecilotheria miranda, P. tigrinawesseli* und *P. formosa*-Jungtiere nach Erreichen des Nymphenstadiums wieder ausgesprochen verträglich.

Im Übrigen heben sich die vier erwähnten Arten bereits im ersten Larvenstadium äußerlich von anderen *Poecilotheria*-Arten ab. Sie sind nicht nur kompakter gebaut und haben etwas kürzere Beine, sondern wirken darüber hinaus in ihren Bewegungen unbeholfener und unselbstständiger.

Das Nymphenstadium – Lebensweise der Jungspinnen

Wie bereits erwähnt häuten sich *Poecilotheria*-Larven etwa drei Wochen nach dem Verlassen des Kokons ins Nymphenstadium. Bei Arten mit zweitem Larvenstadium dauert es aufgrund des Zwischenstadiums nochmals weitere drei Wochen, bis das eigentliche Nymphenstadium erreicht wird. Demnach ergibt sich eine Entwicklungszeit Ei-Nymphe von ungefähr 9 bis 13 Wochen.

Oft fällt das Erreichen des Nymphenstadiums noch in die trockenheiße, prämonsunale Phase. Einzelne kleine Nymphen hätten während dieser Zeit sicher nur sehr geringe Überlebenschancen. Zum einen wäre es überaus schwierig, ausreichende Futtermengen zu finden, zum anderen bestünde ein großes Risiko des Dehydrierens. Deswegen bleiben die Nymphen meist noch mehrere Wochen bis Monate in der Höhle ihrer Mutter, wenigstens bis zum Einsetzen der Regenzeit (z. B. *Poecilotheria metallica, P. regalis)*, oft aber sogar noch wesentlich länger. Der Unterschlupf der Mutter bietet den Jungspinnen nicht nur deren Schutz gegenüber potenziellen Fressfeinden, sondern vor allem auch erträgliche Feuchtigkeits- und Temperaturwerte. Mit dem Erreichen des ersten Nymphenstadiums müssen die kleinen Spinnen aber aktiv ihre Nahrung, vor-

Abb. 115 *P. pederseni*-Weibchen mit Nymphen im ersten Stadium.

Abb. 116 Nymphe I, das erste Stadium als vollkommen entwickelte Spinne, hier von *P. formosa*. Spätestens jetzt beginnen die kleinen Spinnen aktiv zu jagen. Viele junge Vogelspinnen verlassen kurz nach dem Erreichen des Nymphenstadiums ihre Mutter.

wiegend kleine Arthropoden, erwerben. Dabei erweitern einige Arten ihr Beutespektrum anscheinend durch kooperative Jagd. Das heißt sie überwältigen gemeinsam Beutetiere bis zum Mehrfachen ihrer Körpergröße und fressen zusammen daran. In Gefangenschaft konnte dieses Verhalten bei *Poecilotheria fasciata, P. formosa, P. metallica, P. miranda, P. ornata, P. pederseni, P. regalis, P. rufilata, P. subfusca* und *P. tigrinawesseli* beobachtet werden. Nicht selten beginnt allerdings nach erfolgreicher Jagd ein regelrechter Streit um die Beute. Dabei bemächtigen sich stärkere und aggressivere Nymphen des gemeinsam oder auch von einem ihrer schwächeren Geschwistertiere erbeuteten Futtertieres und verzehren es. Erfahrungsgemäß legen lediglich *Poecilotheria miranda* und *P. ubfusca* nur selten derart ausgeprägtes Konkurrenzverhalten an den Tag. Bei den meisten anderen *Poecilotheria*-Arten tritt es dagegen häufig auf.

Haben die Jungspinnen ihre Mutter verlassen, sind sie trotz ihrer Tarnfärbung ziemlich leicht ausfindig zu machen. Sie neigen nämlich dazu, ihren Unterschlupf mit einem dichten Gespinsttrichter zu versehen, der schon auf einige Meter Distanz ins Auge sticht. Hin und wieder kann man sie sogar tagsüber an den Eingängen ihrer Höhlen auf Beute lauern sehen. Werden sie aber gestört, verschwinden sie blitzschnell in den tiefsten Winkel des Verstecks. Wird dieses gewaltsam geöffnet, lassen sich die Nymphen einfach fallen und sind dann auf dem Erdboden nur noch äußerst schwer auszumachen.

Einige *Poecilotheria metallica*-Nymphen fanden sich im Juli vor Termitennestern in hohlen Ästen, flüchteten sich bei Störung in die Gänge des Termitennestes und waren kaum wieder zu entdecken. Eine derartige Lebensweise bietet den Tieren einerseits Schutz und mit den Termiten auch Nahrung. Andererseits geht von den unfreiwilligen und nicht ganz wehrlosen „Vermietern" eine nicht zu unterschätzende Gefahr für die Spinne aus. Wobei hier wohl der Nutzen, Schutz und Futter, höher als die Kosten, evtl. Verletzungen der Spinne durch angreifende Termiten, ausfallen dürfte. Möglicherweise werden die kleinen Vogelspinnen von den Termiten aber auch einfach ignoriert. Derartiges Verhalten soll bei der südamerikanischen Gattung *Tapinauchenius* bereits beobachtet worden sein (Huber schriftl. Mttlg.).

Poecilotheria metallica- und *P. regalis*-Nymphen, die in hängemattenartigen Netzen über wassergefüllten Trichtern in Baumstümpfen lebten, zeigten ein besonders interessantes Fluchtverhalten. Wurden sie gestört, ließen sie sich einfach in den unter ihnen befindlichen Wassertrichter fallen. Dann tauchten sie ab, um Sekunden später in Spalten am Boden des Miniaturteiches zu verschwinden. Das Öffnen eines wassergefüllten Stammes zeigte: ein Tier war fast 30 cm tief unter Wasser getaucht. Ein vergleichbares Fluchtverhalten konnte HUBER (pers. Mittlg.) bei der afrikanischen Vogelspinnenart *Hysterocrates hercules* POCOCK, 1899 beobachten, die sich bei Störung in die wassergefüllten Gänge ihrer Höhle zurückzog.

Abb. 117 *P. fasciata*-Weibchen im Terrarium mit frisch geschlüpften Larven.

Abb. 118+119 *Poecilotheria hanumavilasumica*-Nymphe hinter einem Gespinsttrichter. Die Neigung kleiner *Poecilotheria*-Nymphen, ihre Verstecke mit derartigen Trichtern zu versehen, vereinfacht es erheblich, sie in der Natur zu finden. Der weiße Trichter sticht bereits auf einige Meter Distanz ins Auge.

Abb. 120 Wassergefüllter Trichter in einem Baumstamm, Versteck einer *Poecilotheria regalis*-Nymphe. Bei Störungen ließ sich das Tier einfach in den gut 30 cm tiefen Trichter fallen und tauchte darin ab.

Das Wachstum der Jungspinnen und ihre Lebenserwartung

Junge *Poecilotheria* spp. wachsen für Vogelspinnenverhältnisse überaus schnell heran. In Gefangenschaft und je nach Temperatur und Nahrungsangebot erreichen Männchen mit 9 bis 18 Monaten, Weibchen mit 1 bis 2,5 Jahren die Geschlechtsreife. Bedenkt man die Nahrungsknappheit während der Trockenzeit, dürfte die Nymphenphase in der Natur bei einigen Arten aber etwas länger ausfallen.

Die Lebenserwartung der Tiere hängt zunächst vom Geschlecht ab. Männchen sterben häufig bereits 6 Monate bis 2 Jahre nach ihrer Reifehäutung. Insgesamt erreichen sie also ein Alter von etwa 15 bis 42 Monaten.

Über die Lebenserwartung von Weibchen liegen leider keine gesicherten Informationen vor. Es ist aber anzunehmen, dass diese Tiere ungefähr 12-15 Jahre alt werden können.

Abb. 121 *P. metallica* mit Nachwuchs im Larvenstadium, kurz nach dem Verlassen des Kokons. Unter dem Weibchen sieht man die Kokonhülle, auf der eine Larve sitzt.

Sozialverhalten bei *Poecilotheria*

Abb. 122 Drei Weibchen von *Poecilotheria miranda* im Habitat bei der abendlichen Lauer auf Beute. Alle drei Tiere bewohnen tagsüber dieselbe Höhle, obwohl der knorrige Stamm viele Versteckplätze anbietet. Offenbar suchen die Tiere aus freien Stücken die Nähe ihrer Artgenossen auf, ohne dass ein äußerer Zwang darauf hinwirkt.

Sozialverhalten ist eine Eigenschaft, die man sicher nicht unbedingt von Spinnen erwarten würde, die ja weithin als eher kannibalistisch veranlagte Einzelgänger bekannt sind. Doch gibt es tatsächlich einige Spinnenarten, z. B. aus den Familien Eresidae und Agelenidae, die fast ausschließlich in sozialen Gemeinschaften leben. Wie verhält es sich aber bei Vogelspinnen? Gibt es auch hier soziale Vertreter, oder leben diese Tiere strikt solitär?

Mögliches Sozialverhalten unter Theraphosiden ist ein, wenn auch vergleichsweise wenig erforschtes, sicher sehr interessantes Thema. In diesem Zusammenhang ist insbesondere die Gattung *Poecilotheria* in den Mittelpunkt des Interesses gerückt.

Nymphen vieler *Poecilotheria*-Arten bleiben oft noch sehr lange nach dem Schlupf bei ihrer Mutter. Das kann durch die trockenheiße Prämonsunzeit bedingt sein und mit Einsetzen des Monsuns enden, aber auch wesentlich darüber hinausgehen. Beobachtet wurde letzteres von KIRK (2001) und SMITH et al. (2003) bei *P. subfusca*. Jungtiere dieser Arten lebten bis zu einem Jahr zusammen mit dem Muttertier. Und auch *P. fasciata*-Jungtiere verbleiben offenbar sehr lange bei ihrer Mutter. Darüber hinaus fand CHARPENTIER (1996) *P. rufilata* oft in Gruppen verschiedenen Alters und Geschlechts, die von indischen Waldarbeitern auch „Families“ genannt werden. Besonders ausgeprägt scheint die Gruppenbildung aber bei *Poecilotheria miranda* und *P. smithi* zu sein. Von *P. miranda* konnten wir nicht nur mehrere subadulte Tiere und Mütter mit Jungtieren sondern sogar bis zu 7 adulte Weibchen in einem Unterschlupf entdecken. Von *Poecilotheria smithi* konnten einmal immerhin bis zu drei adulte Tiere in einem Schlupfwinkel gefunden werden. Inwieweit derartige Gruppen von Tieren als sozial (im wissenschaftlichen Sinne) einzustufen sind, soll im Folgenden erörtert werden.

Abb. 123 *Poecilotheria metallica*-Nymphen im ersten Stadium fressen an einem gemeinsam erbeutetem Mehlwurm. Ein Beispiel für die bei jungen *Poecilotheria*-Nymphen oft zu beobachtende Kooperation beim Beutefang. Keine der beiden Nymphen hätte den Mehlwurm alleine überwältigen können.

Charakteristika sozialer Spinnen und soziale Eigenschaften von *Poecilotheria*-Arten

Interpretationen des Sozialverhaltens bei Spinnen gehen fast alle auf das betreffende Konzept für Insekten zurück. Und für Insekten ist bereits mit dem Verbleiben von Jungtieren bei ihrer Mutter der evolutive Grundstein zum Sozialverhalten gelegt (WEHNER, GEHRING, 1995). Aus einer solchen Verbindung zwischen Mutter und Nachwuchs kann sich dann schrittweise, über verschiedene Stufen der Brutpflege, eine soziale Gemeinschaft entwickeln. Und offenbar weisen bereits einige Vogelspinnenarten ein sehr weit ausgebildetes Brutpflegeverhalten auf. Sie versorgen ihre Jungen aktiv mit Nahrung, indem sie ihnen erbeutete Futtertiere reichen. Beobachtet werden konnte das z. B. bei *Poecilotheria regalis* (STRIFFLER 2006), *Hysterocrates hercules* (KARL, 1998) und *Tapinauchenius subcaeruleus* (AUER et al 2007). Arten mit derartig weit entwickeltem Brutpflegeverhalten werden nach FOELIX (1996) als „subsozial" geführt. Und von diesem Stadium ist es nur noch ein kurzer Weg zur echten Sozialität von Spinnen. Diese wird in aktuellen Veröffentlichungen als Kooperation, vor allem in Beutefang und Brutpflege, zwischen untereinander toleranten, also gegenseitig nicht aggressiven Individuen definiert (fide FOELIX, 1996). Ältere Publikationen setzen fernerhin so genannte Interattraktion, einen inneren Drang zur Vergesellschaftung, der nicht durch äußere Einflüsse ausgelöst werden darf, als Sozialitätskriterium voraus (KULLMANN, 1981). Gegenseitige Toleranz und bei Jungtieren auch die kooperativen Jagden sind innerhalb der Gattung *Poecilotheria* nicht selten. Überdies zeigen Jungtiere fast aller *Poecilotheria*-Arten in den ersten Lebensmonaten (bei einigen Arten auch wesentlich länger) einen Drang zur Gruppenbildung, also Interattraktion. Im Regelfall lässt dieser Drang aber offenbar mit der Zeit nach, die Tiere zerstreuen sich dann mehr und mehr.

Bei etwa 50 *Poecilotheria formosa*-Nymphen, die durch einen Spalt aus dem Terrarium ihrer Mutter entkommen konnten, ließ sich diese Zerstreuung gut beobachten. Zunächst, bis zum Erreichen des Nymphenstadiums, lebten sie alle mit dem Muttertier in einer Höhle. Im Laufe der Zeit verließen die Jungtiere immer häufiger das mütterliche Versteck und jagten sogar gemeinsam. Schließlich, nach circa sechs Wochen, verließen sie das mütterliche Terrarium dann gänzlich. Die weggelaufenen Jungtiere zerstreuten sich allerdings nicht wahllos innerhalb des Raumes, in dem das Becken ihrer Mutter steht. Sie teilten sich in drei Hauptgruppen zu jeweils etwa 15 Individuen auf. In diesen Gruppen suchten sie die Nähe ihrer Geschwister und teilten sich mit ihnen den Schlupfwinkel. Im Falle einer Gruppe war das beispielsweise unter einer an der Wand verschraubten Lampe. Das ist ein typisches Beispiel für die noch vorhandene Interattraktion. Immerhin wirkten im Raum keine äußeren Zwänge auf die kleinen Spinnen, die sie zu dieser Gruppenbildung hätten veranlassen können. Verstecke waren beispielsweise mehr als genug vorhanden und auch das Klima entsprach den Bedürfnissen der Nymphen.

Dennoch zogen es einige wenige Nymphen bereits zu diesem Zeitpunkt vor, solitär zu leben und trennten sich von ihren Geschwistern. In den folgenden Wochen wurden die Gruppen immer kleiner, dafür nahm die Anzahl der solitären Tiere stetig zu. Nach weiteren vier Wochen hatten sich fast alle Nymphen vereinzelt. Bis auf einige entlaufene Heimchen fanden die Jungen nicht besonders viel Nahrung in dem erwähnten Raum. Evtl. könnte daher auch Nahrungsmangel die Tiere zum Auflösen ihrer Gruppen gezwungen haben. Vielleicht hat also Hunger zum Nachlassen der Interattraktion geführt.

Insgesamt deckt sich die in Gefangenschaft beobachtete Zerstreuung zeitlich recht gut mit der, die auch in natürlichen Habitaten von einigen *Poecilotheria*-Arten festzustellen war: Die Jungen erreichen etwa im Mai das Nymphenstadium und

Abb. 124+125 Knapp einjährige *Poecilotheria fasciata*-Nymphen am gemeinsamen Versteck, einer Kokospalme. Innerhalb des Stammes lebt auch die Mutter der Jungspinnen. Das lange Zusammenleben der Mutter mit ihren Jungtieren deutet auf ein relativ weit entwickeltes Sozialverhalten dieser Vogelspinnenart hin.

verlassen ihre Mutter knapp zwei Monate später, während des Monsuns. Im Terrarienzimmer herrscht ständig eine sehr hohe Luftfeuchtigkeit, das Klima ist also vergleichbar mit dem des Südwest-Monsuns. Das bedeutet, es ähnelt den Bedingungen, die die Tiere auch in ihrem Habitat vorfinden. Im Endeffekt könnte sich also die Zerstreuung der Jungtiere in der Natur entsprechend dem oben beschriebenen Muster abspielen.

Bis sich die Jungspinnen aber vereinzeln, vergeht eine mehr oder weniger große Zeitspanne. Und während dieser Phase erfüllen die kleinen Spinnen alle Kriterien der Sozialität: sie zeigen Toleranz, Interattraktion und kooperieren beim Beutefang. Mit der Zeit verlieren sich ihre sozialen Eigenschaften dann aber mehr und mehr. Diese kurzfristige Sozialität zeigen sehr viele, möglicherweise sogar nahezu alle *Poecilotheria*-Arten während ihrer Jugend. Dabei kann die Dauer der sozialen Phase von Art zu Art ganz unterschiedlich ausfallen. Während *P. regalis* und *P. metallica* im Regelfall bereits wenige Monate nach dem Schlupf ein solitäres Leben führen, können z. B. *P. fasciata*-Nymphen noch mit fast 2

Abb. 126 *Poecilotheria fasciata* im Terrarium.

cm Körperlänge gemeinsam im Unterschlupf ihrer Mutter gefunden werden. Nach KLAAS (pers. Mittlg.) sollen *Poecilotheria fasciata*-Muttertiere sogar gemeinsam mit einjährigen und frisch geschlüpften Nymphen gefunden worden sein. Schließlich gibt es Spezies wie *P. miranda* und *P. smithi,* die offenbar über noch längere Perioden „sozial verträglich" bleiben.

Aber selbst viele der Arten, welche sich schon relativ früh voneinander trennen, zeigen später zumindest noch eine sehr hohe Toleranz gegenüber ihren Artgenossen. So leben in den besprochenen *P. hanumavilasumica*-Kolonien zwar alle Spinnen solitär, ihre Verstecke grenzen aber nicht selten sehr dicht aneinander. Trotzdem konnten keine Anzeichen von Aggressivität unter den Tieren beobachtet werden. Dabei ist aber zu berücksichtigen, dass die Spinnen auf den dicken Tamarindenbäumen immer viel Futter finden. Außerdem haben sie hier die Möglichkeit, sich aus dem Weg zu gehen. In den eingeengten Verhältnissen der Terrarienhaltung könnte es dagegen aufgrund fehlender Ausweichmöglichkeiten zu nicht unerheblichen Problemen kommen.

Unter allen *Poecilotheria*-Arten haben sich bisher lediglich *P. ornata* als weitgehend unverträglich herausgestellt. Diese Tiere beginnen meist bereits kurz nach Erreichen des zweiten Nymphenstadiums, sich gegenseitig zu fressen (STRIFFLER, 2006, Autoren). Bezüglich *Poecilotheria metallica* liegen diesbezüglich unterschiedliche Erfahrungen vor. Während einige Halter durchweg positive Erfahrungen gemacht haben, berichten andere, dass sich kleine Exemplare von *P. metallica* gegenseitig gefressen haben.

Gibt es auch gänzlich soziale *Poecilotheria*-Arten?

Jungtiere vieler *Poecilotheria*-Arten zeigen während gewisser Jugendphasen soziale Verhaltensweisen. Vor diesem Hintergrund stellt sich die Frage, ob sich auch einige „echte soziale" Vertreter innerhalb dieser Gattung entwickelt haben. Nach gegenwärtigem Kenntnisstand kommen dafür, wenn überhaupt, nur *P. miranda, P. smithi, P. rufilata, P. subfusca* und vielleicht noch *P. fasciata* infrage. All diese Arten teilen sich oft über sehr lange Perioden ihres Lebens denselben Unterschlupf und erfüllen damit die Kriterien der Toleranz und Interattraktion. Eine Grundvorausetzung für uneingeschränkte Sozialität ist aber auch Kooperation, nicht nur bei der Jagd, sondern auch in der Brutpflege. Zudem gibt es noch keine Nachweise, dass adulte Tiere gemeinschaftlich jagen.

Daher kann man nach derzeitigem Kenntnisstand bei der Gattung *Poecilotheria* nicht von uneingeschränkter Sozialität sprechen. Insbesondere *P. miranda* und P. *smithi* sind aber potenzielle Kandidaten für echte Sozialität. Immerhin sind dies die einzigen Arten, von denen auch Adulti natürlicherweise noch Gruppen bilden. Vielleicht handelt es sich aber selbst bei Gruppen adulter *Poecilotheria miranda* und *P. smithi* nur um tolerante, aber nicht soziale Gemeinschaften. Immerhin fehlt bisher der Nachweis einer Kooperation der adulten Tiere.

Es ist ferner noch zu erwähnen, dass die oben genannten *Poecilotheria*-Arten nicht zwingend auf das Gruppenleben angewiesen sind. Sie alle finden sich in ihren Habitaten auch solitär.

Zuletzt ist hier noch einigen interessanten Feststellungen nachzugehen. Nach Foelix (1996) können bei echt sozialen Spinnen folgende Charakteristika festgestellt werden:

1. Ein höherer Level der Sozialität korreliert oft mit verminderten Gelegegrößen.
2. Soziale Spinnen wachsen in Gruppen schneller und besser als isoliert aufgezogene Artgenossen.
3. Oftmals überwiegt die Anzahl der weiblichen Nachkommen gegenüber der der männlichen

Interessanterweise produzieren vor allem die in ihrem Lebensraum über längere Perioden gemeinsam lebenden *Poecilotheria*-Arten relativ kleine Gelege. Zudem scheint *Poecilotheria subfusca* in Gruppenhaltung tatsächlich schneller zu wachsen als einzeln aufgezogene Exemplare. Und nach unseren Erfahrungen schlüpfen aus Kokons von *P. miranda* deutlich mehr weibliche als männliche Spinnen.

Konkurrenzverhalten um Beute

Auf den ersten Blick widerspricht das oben beschriebene aggressive Konkurrenzverhalten der Jungspinnen einiger *Poecilotheria*-Arten allen verbreiteten Vorstellungen von sozialen Individuen. Bei genauerer Betrachtung kann sich aber auch für soziale Spinnen ein Vorteil aus dieser Verhaltensweise ergeben. Insbesondere bei nur vorübergehend sozial lebenden Arten kann diese Beutekonkurrenz sinnvoll sein. Im Endeffekt verbessert sie die Überlebenswahrscheinlichkeit der stärksten Gruppenmitglieder, die durch den Nahrungsraub besser und schneller wachsen. Schwächere Exemplare, die in der Natur ohnehin weniger Chancen hätten, bleiben auf der Strecke. Es greift also der Evolutionsgedanke. Würde die Gruppe zu lange koexistieren, kämen sich mit dem Wegfall von immer mehr schwachen Geschwistern auch die starken Tiere gegenseitig ins Gehege. Dann hätten sie ihren Vorteil verspielt.

Nach Foelix (1996) ist Konkurrenzverhalten um Beute in der Welt der sozialen Spinnen nicht unüblich. Er schreibt, die „gemeinschaftliche Nahrungsaufnahme ist nicht frei von Konflikten, sondern schließt die Dominanz größerer Spinnen ein." Eine Tatsache, die sich auch in Gruppen einiger *Poecilotheria*-Arten beobachten lässt. Das

Abb. 127 Weibchen von *Poecilotheria subfusca.*

heißt, Konkurrenz um Beute bei den Jungtieren ist kein Ausschlusskriterium für Sozialität.

Zusammenfassung

Im Endeffekt haben einige *Poecilotheria*-Arten bereits eine recht hohe Stufe auf dem evolutiven Weg zur "echten Sozialität" erreicht. Erfahrungsgemäß gilt das insbesondere für *P. miranda* und *P. smithi.* Zwar kann man sie, aufgrund nicht erwiesener gemeinsamer Brutpflege, noch nicht zu den sozialen Spinnen zählen, jedoch leben sie mitunter sogar als Adulti noch gemeinsam im selben Schlupfwinkel und zeigen zahlreiche Eigenschaften typisch sozialer Arten. Aber auch *P. fasciata, P. rufilata* und *P. subfusca* zeigen offenbar sehr langfristig soziale Eigenschaften. Indessen beschränkt sich das Sozialverhalten der meisten Arten auf bestimmte Jugendphasen, woraufhin sich die Tiere zerstreuen und ein solitäres Leben führen. Aber auch diese „periodische Sozialität" sowie das gelegentlich auftretende Brutpflegeverhalten zeigt ein für Spinnenverhältnisse ungewöhnlich hoch ausgebildetes soziales Verhalten an.

Es ist auch nicht ausgeschlossen, dass die Gemeinschaften von Jungtieren einiger Arten (z. B. *P. metallica*) lediglich durch ungünstiges Klima erzwungen sind. Solch ein äußerer Zwang schließt Interattraktion aus. Nach KULLMANNS (1981) Interpretation würde den Mitgliedern solcher Überdauerungsgemeinschaften also ein wichtiges soziales Attribut fehlen.

Giftigkeit und Feinde von *Poecilotheria*

Die Arten der Gattung *Poecilotheria* sind überaus giftige und wehrhafte Vogelspinnen. POCOCK wies bereits 1899 auf die überdurchschnittliche Größe ihrer Giftdrüsen hin. SCHMIDT (2000) führt sie sogar als humanpathogen, das heißt den Menschen schädigend. Dabei sollte aber klar vorweggenommen werden, dass das nicht mit einer tödlichen Giftwirkung auf Menschen einhergeht.

Für gewöhnlich verhalten sich die Spinnen aber weit weniger aggressiv als man es vielleicht von derart giftigen Tieren erwartet. Werden sie gestört, ist ihre erste Wahl meistens die Flucht. Eher selten, meist in ausweglosen Situationen ohne Fluchtmöglichkeit, richten sie sich auf, um dem potenziellen Angreifer die auffällige Warntracht auf ihrer Beinunterseite zu präsentieren. Häufig stridulieren sie dabei noch gut vernehmbar. Reicht das noch nicht als Abschreckung, schlagen sie erst mit den Beinen mehrfach auf den Boden oder den Angreifer und beißen schließlich zu.

Die Symptomatik eines Bisses beim Menschen kann nach den Erfahrungen einer der Autoren sehr unterschiedlich ausfallen. Nach dem Biss eines subadulten *Poecilotheria ornata*-Männchens in den linken Zeigefinger, schwoll dieser zunächst an. Anschließend breitete sich schnell ein heftiger, stechender Schmerz von der Bissstelle bis zur Schulter aus. Sekunden später war der Finger,

Abb. 128 *Poecilotheria tigrinawesseli* in Angriffsposition.

dann die ganze Hand gelähmt. Bis zum Abklingen der Lähmung dauerte es einige Minuten. Erst nach einigen Stunden ließ der Schmerz im Arm nach. Zurück blieb ein steifes Fingergelenk an der Bissstelle, dass erst nach einigen Wochen wieder voll funktionstüchtig war.

Ein zweiter Biss, ebenfalls in den Zeigefinger, diesmal von einem *Poecilotheria ornata*-Weibchen mit ca. 4 cm Körperlänge, zeigte nicht mehr Wirkung als ein Bienenstich.

Andere Autoren berichten von noch weit unangenehmeren Auswirkungen durch *Poecilotheria*-Bisse. So sollen neben den oben geschilderten Symptomen, Krämpfe, Schwellungen, (SCHMIDT, 2000) Angstzustände (HOEFLER, 1996), ja sogar Bewusstlosigkeit (LIESEKE, 2005) eingetreten sein. Die Krämpfe traten teilweise über Wochen hinweg immer wieder auf.

Aufgrund eigener Erfahrungen und der vorliegenden Berichte liegt die Vermutung nahe, dass Männchen über ein potenteres Gift als Weibchen verfügen oder größere Giftmengen beim Biss injizieren. Evolutionär gesehen würde eine derartige Entwicklung sicher Sinn machen. Immerhin sind männliche Exemplare bei ihren Wanderungen viel eher auf Verteidigungsmechanismen angewiesen als die standorttreuen Weibchen.

Allerdings handelt es sich bei den Verursachern einiger ebenfalls sehr folgenreicher *Poecilotheria*-Bissunfälle (HOEFLER, 1996, GABRIEL, 2002) nicht um Männchen, sondern um weibliche Tiere. Im Endeffekt scheinen also Tiere beiderlei Geschlechts ernstzunehmende Vergiftungserscheinungen verursachen zu können. Nun sollte man aber bedenken, dass Männchen meist über eine wesentlich geringere Körpermasse verfügen als Weibchen. Daher kann ihnen tatsächlich eine stärkere Giftwirkung oder größere Giftproduktion unterstellt werden, zumindest relativ zur Körpermasse. Allerdings mangelt es derzeit noch an Fallbeispielen und konkreten Untersuchungen um diese Vermutung letztendlich bestätigen zu können.

Eines kann aber mit Gewissheit gesagt werden: *Poecilotheria* spp. tragen ihre Warntracht nicht ohne Grund. Im Umgang mit diesen Tieren ist große Vorsicht geboten und Routine darf nicht zu Leichtsinn führen. Auch wenn ein Biss sicher nicht lebensbedrohlich ist, handelt es sich um eine Erfahrung, um die niemand zu beneiden ist. Doch trotz ihrer Giftigkeit sind die Tiere bei Weitem nicht unangreifbar. Offenbar sind in der Natur gerade Jungtiere einem erheblichen Raubdruck ausgesetzt. Beispielsweise war die Bestandsdichte adulter Tiere in einem *Poecilotheria metallica*- und *P. regalis*-Habitat nur unwesentlich geringer als die kleiner Nymphen. Und das kurz nach Beginn des Monsuns, obwohl die Nymphen gerade erst die schützenden Verstecke ihrer Mütter verlassen hatten. Diese Beobachtung wurde noch dazu in einem für die Reproduktion durchaus günstigen Jahr gemacht, weswegen wir für diesen Bestandsrückgang der Jungtiere einen hohen Raubdruck als Ursache vermuten. Aber nicht nur die Jungspinnen sondern selbst adulte Tiere sehen sich mit einer Vielzahl potenzieller Raubfeinde konfrontiert. Große Tiere mit z. B. fehlenden Gliedmassen sind keine Seltenheit. Ob derartige Verletzungen tatsächlich auf das Konto von Räubern gehen, ist zwar leider nicht durch Beobachtungen bestätigt, aber dennoch relativ wahrscheinlich.

Als mögliche Feinde der Jung- und Alttiere kommen allerlei räuberische Arthropoden, wie etwa Skorpione, Laufkäfer, Hundertfüßer und nicht zuletzt die eigenen Artgenossen in Frage. Die erstgenannten drei konnten alle an den Wohnbäumen oder sogar in den Verstecken von *Poecilotheria* gefunden werden. Einige Skolopender saßen sogar mit den Resten gerade verzehrter adulter und halbwüchsiger Tiere in deren Höhlen.

Und auch auf dem Speiseplan verschiedenster Wirbeltiere dürften *Poecilotheria*-Arten stehen. Denn ihre gelb- oder weiß-schwarze Schrecktracht erfüllt nur ihren Sinn, wenn ein Angreifer sie erkennt und zuordnen kann. Und dazu gehörensicherlich ein gut ausgeprägter Farbsehsinn und ein ausreichendes Assoziationsvermögen wie sie z.B. Vögel aufweisen.

Abb. 129 Skolopender zählen zu den bedeutenden Fressfeinden von *Poecilotheria*-Arten. Hin und wieder finden sich die Tiere sogar zusammen mit den Überresten ihrer Opfer in deren Wohnhöhle.

Abb. 130 Ein *Poecilotheria rufilata*-Weibchen mit drei fehlenden Beinen vor seiner Wohnhöhle in einem Südindischen Regenwald. Es ist durchaus denkbar, dass der Verlust der Beine auf die Einwirkung von Raubfeinden zurückzuführen ist.

Vielleicht erklärt also auch hoher Raubdruck die manchmal geringe Populationsdichte.

Poecilotheria-Wildfänge aller Altersstadien tragen hin und wieder ca. 0,5 mm große Milben an den Chelizeren. Wahrscheinlich leben diese Tiere als Kommensalen (Mitesser, ohne den Wirt zu schädigen) von der Beute der Spinne. Nach KLAAS (1989) könnte es sich sogar um eine Form des Mutualismus handeln. Dabei soll die Spinne den Milben Schutz und Wohnraum gewähren, diese ihr dafür die Chelizeren von Nahrungsresten befreien, also für Hygiene sorgen. Gesunde Spinnen zeigen keinerlei Einschränkungen durch den Milbenbefall. Altersschwache dagegen werden von den Milben regelrecht überflutet. Bis zum Tod ihrer Wirte haben sie sich über deren ganzen Körper verteilt und scheinen diese erheblich in ihrer Beweglichkeit zu beinträchtigen.

Menschen und *Poecilotheria* in Indien und Sri Lanka

Mit täglich 65000 Geburten rangiert Indien unter den Ländern mit dem rasantesten Bevölkerungswachstum weltweit ganz oben (BRONGER 1996). Und das bei bereits über einer Milliarde Einwohnern. Aber auch das kleine Sri Lanka ist mit über 20 Millionen Bürgern ziemlich dicht bevölkert.

Bekanntermaßen stellen Wälder kein Hindernis für menschliche Besiedelungen dar, so dass sich auch in den meisten *Poecilotheria*-Habitaten zahllose Dörfer finden. Es überrascht somit nicht, wenn Menschen auf dem indischen Subkontinent regelmäßig mit *Poecilotheria* in Kontakt kommen, die Spinnen stellenweise sogar bestens bekannt sind. An einigen Orten gibt es sogar ein spezielles Handzeichen - Beugen und Strecken der Finger - um auf *Poecilotheria* hinzuweisen.

In den vielfältigen Landstrichen des indischen Subkontinents werden *Poecilotheria*-Arten völlig unterschiedliche Reaktionen entgegengebracht. Oftmals überwiegt die Furcht vor den großen Spinnen, die vielerorts für tödlich giftig gehalten und in Anlehnung an Indiens berühmteste Großkatze respektvoll Tigerspinnen genannt werden. Der Name Tigerspinne, oder manchmal auch Leopardspinne, ist in erster Linie auf die auffällige Flecken- und Streifenzeichnung der Tiere zurückzuführen. Sicher spielt aber auch ihre für Spinnen sehr ungewöhnliche Körpergröße und die ihnen zugeschriebene Gefährlichkeit eine Rolle bei der Namenswahl. Es wirkt durchaus amüsant, wenn ein Holzfäller theatralisch versucht, die lebensgefährlichen Bissfolgen einer Pulli balli, oder Kula bindira (=Tigerspinne) darzustellen. Manchmal wird schon Kindern klargemacht, wie giftig die Tiere seien. Und nicht selten ist ihre angebliche Gefährlichkeit sogar das einzige, was über sie erzählt werden kann, selbst wenn der Befragte noch nie eine *Poecilotheria* zu Gesicht bekommen hat. Über tatsächliche Todesopfer durch Bisse weiß dann komischerweise niemand fundiert zu berichten.

Abb. 131+132 Ein Käfig von *Poecilotheria miranda*, aus einem Adivasidorf in Nordostindien. In derartigen Behältnissen halten die Adivasi adulte *P. miranda* als Haustiere.

Nicht selten werden dem Gift der Spinnen auch nicht tödliche, aber ausgesprochen unangenehme Folgen zugeschrieben. So hatten wir im Lebensraum von *Poecilotheria rufilata* Gelegenheit, mit einer Adivasi-Heilerin (Adivasi = übergeordneter Sammelbegriff für alle indischen Ureinwohner) zu sprechen. Sie versicherte uns, ohne Behandlung würde der Biss einer Tigerspinne nekrotische Wirkung zeigen, also das Gewebe um die Bissstelle zersetzen. Zur Soforthilfe nach *Poecilotheria*-Bissen hatte besagte Heilerin eine spezielle Kräutermixtur zusammengestellt, welche, auf die betreffenden Hautareale aufgetragen, Schlimmeres verhindern sollte. Besonders interessant klang auch die Geschichte eines ihrer Patienten: der mittlerweile gut 50-jährige Mann war in seiner Kindheit von einer *P. rufilata* in den Finger gebissen worden. Nach seinen Aussagen sei der eigentliche Biss sehr schmerzhaft gewesen und von kurzzeitigen Lähmungserscheinungen begleitet worden, Symptome die aber bald wieder verschwanden. Dann, gut 30 Jahre später, traten chronische Schmerzen im Fuß des Mannes auf, unter denen er bis heute zu leiden hat. Diese Erkrankung wurde tatsächlich dem Jahrzehnte zurückliegenden *Poecilotheria*-Biss zugeschrieben. Um den Spätfolgen des Giftes entgegenzuwirken, lebte der Mann gänzlich vegetarisch und vermied es, den schmerzenden Fuß in Kontakt mit kaltem Wasser zu bringen.

Abb. 133+134 Ein hohler Baumstamm, in einem Adivasidorf als „Terrarium" für mehrere adulte *P. miranda* umfunktioniert. Das Entweichen der Spinnen wird mittels eines um die Öffnung des Stammes gewickelten Fliegendrahtes verhindert. Durch die Öffnung im Stamm werden den Spinnen Futter und Wasser gereicht.

Vor solchen Hintergründen sehen leider viele Menschen in Indien und Sri Lanka nur eine Möglichkeit, dem bedrohlichen Biss einer *Poecilotheria* zu entgehen, nämlich das Tier bei einer Begegnung zu erschlagen. Besonders skurrile Ausmaße nahm diese Vorgehensweise auf Sri Lanka, im Lebensraum von *Poecilotheria smithi* an. Hier glauben einige Einheimische, das Gift der so genannten „Divimakuluwa" ließe Menschen zunächst schrumpfen, bis sie schließlich an Flüssigkeitsverlust sterben. Sie versicherten uns, dass der einzige Weg dem sicheren Tod zu entgehen darin bestünde, die Spinne zu töten und die Bissstelle mit der Hämolymphe des Tieres einzureiben. Das sich derartige Volkweisheiten weit von jeglicher Realität entfernt haben, sollte jedem Leser klar sein.

Andererseits werden *Poecilotheria* spp. bisweilen auch vom Menschen toleriert. Man geht ihnen dann einfach aus dem Weg. Wenn es darauf ankommt, stellt es nicht mal ein Problem dar, sie anzufassen. Und selbst, als eine handtellergroße *Poecilotheria tigrinawesseli* im Hemd unseres indischen Guides verschwand, blieb dieser völlig gelassen. Vor allem Menschen, die seit jeher im

Wald siedeln und fast täglich mit *Poecilotheria* in Kontakt kommen, legen dieses Verhalten an den Tag.

Ab und an wird dann aus Toleranz sogar Interesse. Beispielsweise mussten wir wiederholt sorglose Schaulustige davon abhalten, gefangene Tiere in die Hand zu nehmen. Das Interesse kann soweit gehen, dass *Poecilotheria* als Haustiere gehalten werden. Bekannt ist das von einigen Adivasi-Stämmen in Nordostindien. Sie pflegen *Poecilotheria miranda* in hohlen Baumstämmen, leeren Konservendosen, und sogar selbst geflochtenen Käfigen. In diesen Behältnissen wird den Tieren Futter und Wasser gereicht. Die Spinnen werden also nicht schlechter versorgt als in unseren heimischen Terrarien. Möglicherweise gilt der Besitz der großen „Tigerspinnen" gar als Statussymbol (KROES & MAERKLIN 2004). Für viele Adivasi wirken Tiger als tägliche Gefahr und wer schafft es schon, einen in seinem Haus zu halten?

Bedrohungssituation der Gattung *Poecilotheria*

Poecilotheria-Arten mögen viele natürliche Feinde haben, ihr größter Feind ist aber sicherlich der Mensch. Wer heutzutage erwartet, auf einer Reise durch Indien oder Sri Lanka überall ausgedehnte Wälder zu Gesicht zu bekommen, hat weit gefehlt. Riesige Waldareale mussten Feldern weichen, um die ständig wachsende Bevölkerung zu ernähren. Andere wurden schlicht und einfach aufgrund der Nachfrage nach tropischen Edelhölzern wie Teak oder Sal sowie der steigenden Nachfrage nach Feuerholz abgeholzt oder mussten weichen, um Platz für gewinnbringende Plantagen zu schaffen.

Abb. 135 Weitgehend gerodete Waldflächen in Nordwest-Indien. Der hier einmal dichte Wald musste weichen, um Platz für Ackerbau zu schaffen. Trotz der spärlichen Bewaldung finden sich in diesem Gebiet noch vereinzelt *Poecilotheria regalis*.

Ein Vergleich der gegenwärtigen mit der geschätzten potenziellen Bewaldung des indischen Subkontinents (UNEP-WCMC 2000, BRONGER 1996) zeigt den dramatischen Rückgang einer einst fast geschlossenen Walddecke auf kleine Vegetationsinseln. Größere Waldzonen sind meist nur noch in Schutzgebieten zu finden.

Nach momentanen Schätzungen sind in Indien noch bestenfalls 10% (MEHER-HOMJI 2001), auf Sri Lanka 24% der Landfläche dicht bewaldet (FAO 2001, Center for remote sensing 1981).

Zwar vermeldet Indien im aktuellen „state of forest report" (Ministry of Environment and Forests 2004) wieder eine Zunahme der Bewaldung, und offizielle Waldkarten (DAS GUPTA, 1976) skizzieren ein überaus hoffnungs-

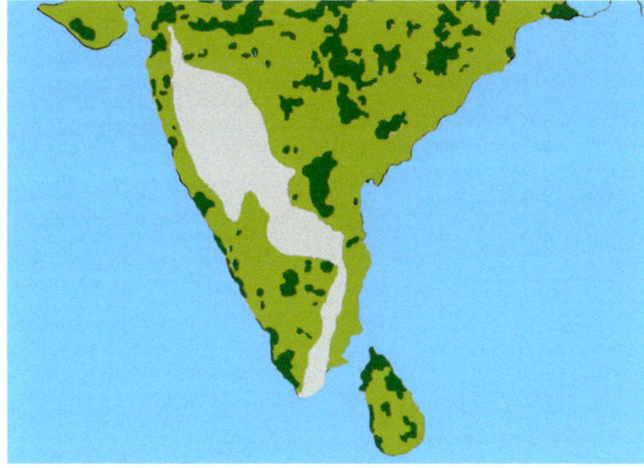

Abb. 136 Vormenschliche (hellgrün) und heutige (dunkelgrün) Bewaldungssituation des Indischen Subkontinents. Die einst fast geschlossene Walddecke ist auf kleine Inseln zusammengeschrumpft.

volles Bild. Aber anderen Studien zufolge (MEHER-HOMJI 2001) handelt es sich bei den angegebenen und zum Teil sehr großen Waldarealen häufig um nichts anderes als „degradierte Gebüsche“ oder an Biodiversität arme Plantagen mit Monokulturen gewinnbringender Hölzer.

Noch heute werden selbst in ausgewiesenen Schutzgebieten täglich Bäume für häusliche Zwecke, wie z. B. Feuerholz, gefällt. Es scheint sogar regelrechte Banden zu geben, die illegal Holz für den Verkauf schlagen (SMITH et al., 2003). Solch ein Raubbau an der Natur kann schrittweise zu einer Zerstückelung oder sogar der völligen Zerstörung geeigneter *Poecilotheria*-Lebensräume führen. Nach SMITH et al. (2003) sind auf derartige Weise schon Biotope auf Sri Lanka drastisch geschrumpft.

Selbst wenn eingangs auf die Anpassungsfähigkeit einiger *Poecilotheria*-Arten hingewiesen wurde, gilt das auch nur solange geeignete Lebensbedingungen vorhanden sind. Fehlen z. B. brauchbare Versteckplätze und ausreichend Futtertiere, wie das in vielen Kiefern- und Teakpflanzungen der Fall ist, kann auch keine *Poecilotheria*-Population mehr überleben. Des Weiteren muss bedacht werden, dass sich einige *Poecilotheria*-Arten offenbar nur sehr schlecht an Veränderungen ihres angestammten Lebensraumes adaptieren können. Daher scheint der Fortbestand von *P. rufilata*, oder *P. subfusca* in der Natur ernsthaft gefährdet (SMITH et a. 2003, CHARPENTIER 1996). Nicht weniger bedrohlich als Holzeinschlag dürfte für *Poecilotheria*-Populationen kommerzielles Sammeln wirken. Bedenkt man ihre oft geringe Bestandsdichte, dann wird sich eine durch rücksichtsloses Absammeln geschaffene Lücke, wenn überhaupt, nur sehr langsam wieder schließen.

Abb. 137 Gemüsefelder in Sri Lanka, im einstigen Verbreitungsgebiet von *P. subfusca* (früher Bergregenwald).

Abb. 138 Monokultur von Nadelhölzern im Lebensraum von *P. tigrinawesseli* in Ostindien. Derartige Pflanzungen bieten kaum Versteckplätze und Nahrung und sind daher ungeeignet für *Poecilotheria*-Arten.

Zwar zählen *Poecilotheria* spp. mittlerweile zumindest auf Sri Lanka zu den geschützten Tierarten, aber bei der zu erwartenden Gewinnspanne durch den Export seltener Spezies, würden einige „Händler" vermutlich selbst harte Strafen nicht abschrecken. Übrigens wurde 2000 ein Antrag auf Aufnahme von *Poecilotheria* spp. in Anhang II des Washingtoner Artenschutzabkommens (CITES 2000) abgelehnt. Diese Entscheidung wurde damit begründet, dass Habitatzerstörung, nicht Tierhandel, den das Abkommen regelt, die Hauptbedrohung für *Poecilotheria*-Arten in der Natur sei. Es scheint aber auch fraglich, ob eine Aufnahme der Gattung in Anhang II tatsächlich „Händler" abhalten würde.

Nach all den Negativbeispielen soll nun aber auch noch etwas Platz für Optimismus bleiben. Beispielsweise sind viele der noch verbliebenen natürlichen Waldareale Indiens und Sri Lankas mittlerweile geschützt und die Behörden versuchen dort den illegalen Holzeinschlag zumindest einzudämmen. In diesem Zusammenhang ist es sehr begrüßenswert, dass inzwischen der Ökotourismus als lukrative Einnahmequelle entdeckt wurde. Insbesondere auf Sri Lanka wird, nicht zuletzt deswegen, Naturschutz mittlerweile groß geschrieben. Vor diesem Hintergrund dürften viele *Poecilotheria*-Habitate, welche wir bisher besuchen konnten, ihren Bewohnern auch noch auf lange Sicht erhalten bleiben (*Poecilotheria formosa, P. metallica, P. miranda, P. regalis, P. pederseni, P. ornata, P. hanumavilasumica, P. fasciata*).

Es wäre aber sicher falsch, aufgrund einiger positiver Fakten die Bedrohungssituation von *Poecilotheria* spp. zu verharmlosen. So sind z. B. die Wälder, in denen wir *Poecilotheria tigrinawesseli* und *P. smithi* gefunden haben, erheblich zusammengeschrumpft. Eine vermutlich einst große Walddecke ist hier kahlen Hügeln gewichen. Diese Situation stellt jedoch nur die an jeweils einem Fundort dieser Arten dar, deren tatsächliches Verbreitungsgebiet noch weitgehend unbekannt ist. Das gilt auch für viele andere *Poecilotheria*-Arten. Solange kein exaktes Verbreitungsgebiet bekannt ist, können Bedrohungssituationen nur auf Ebene einzelner Populationen und nicht einer ganzen Art charakterisiert werden. Es bleibt zu hoffen, dass die Bestandsituation einiger Arten besser aussieht als bisher angenommen. Denn es wäre schade, wenn eine derart interessante und noch wenig erforschte Gattung wie *Poecilotheria* an Diversität verlieren würde.

Abb. 139 Kahle Hügel im Habitat von *Poecilotheria tigrinawesseli.* Vielerorts wurde diese Vogelspinnenart auf kleine Waldinseln zurückgedrängt

Abb. 140 Habitatzerstörung im Lebensraum von *P. smithi.*

Haltung und Zucht im Terrarium

In den letzten Jahren avancierte die Gattung *Poecilotheria* zu einer der begehrtesten in der Vogelspinnenhaltung. Sei es nun aufgrund ihrer wunderschönen Färbung, ihrer stattlichen Größe, der Möglichkeit mehrere Tiere zu vergesellschaften oder einfach nur der Seltenheit einiger Arten.

Leider ist die Nachzucht einiger Spezies, z.B. *Poecilotheria subfusca,* nicht unkompliziert und diese Tiere dementsprechend sehr selten erhältlich. Im Folgenden sollen daher Haltungsbedingungen dargestellt werden, unter denen bisher die Nachzucht von 13 der 14 bekannten *Poecilotheria*-Arten gelang. So soll gerade Einsteigern ermöglicht werden, sich erfolgreich mit der Zucht dieser überaus interessanten Gattung zu befassen.

Haltung

Der Umgang mit *Poecilotheria*-Arten

Poecilotheria-Arten verfügen über ein Gift, dessen Wirkung keinesfalls unterschätzt werden sollte (siehe Kapitel "Giftigkeit und Feinde von *Poecilotheria*"). Darüber hinaus können sie sich erstaunlich schnell fortbewegen. Im Umgang mit diesen Tieren kann Leichtsinn ein ausgesprochen schmerzhaftes Nachspiel haben. Daher ist unbedingt davon abzuraten, die Spinnen mit der Hand zu berühren.

Im Umgang mit größeren Tieren oder bei Arbeiten im Terrarium sollten immer eine lange Pinzette und eine Kunststoffdose als Hilfsmittel verwendet werden. Mittels leichter Berührungen durch die Pinzette oder einen langen Pinsel lässt sich das Tier in bestimmte Richtungen dirigieren. Soll die Spinne eingefangen werden, braucht man sie lediglich in die Kunststoffdose zu lotsen und den Deckel aufzusetzen. Jedoch sollte man immer darauf vorbereitet sein, dass die Spinne völlig unerwartet losrennt, um der Pinzette - einem potenziellen Feind - zu entkommen. In diesem Fall kann durch das Überstülpen der Kunststoffbox die Flucht des Tieres verhindert werden. Bei Beachtung dieser Grundregeln dürfte der Umgang mit *Poecilotheria* spp. eigentlich keine besonderen Schwierigkeiten bereiten. Ist man in der Lage, verantwortungsbewusst mit ihnen umzugehen, sollte auch ihre Giftigkeit nicht von der Anschaffung dieser wunderschönen und interessanten Tiere abhalten.

Wird man aber trotz aller Vorsicht einmal gebissen, gilt es vor allem Ruhe zu bewahren. Der Biss mag zwar sehr schmerzhaft sein, stellt aber - vorausgesetzt man reagiert nicht allergisch auf das Gift - keine direkt lebensbedrohliche Situation dar. Dennoch ist es nach Bissunfällen ratsam, einen Arzt aufzusuchen.

Das Terrarium - Einrichtung und Pflegearbeiten

Indien und Sri Lanka bieten den verschiedenen *Poecilotheria*-Arten sehr unterschiedliche Lebensräume. Vor diesem Hintergrund müsste angenommen werden, dass verschiedene Spezies auch sehr ungleiche Ansprüche an die Terrarienhaltung stellen. Das ist allerdings nur bedingt richtig. Zumindest die grundlegenden Bedürfnisse der Tiere ähneln sich sehr stark. Daher soll hier vorerst eine allgemein gehaltene Pflegeanleitung folgen. (Für hiervon abweichende Ansprüche werden Informationen in den jeweiligen „Artportraits" gegeben.)

Bei *Poecilotheria* spp. handelt es sich überwiegend um unkomplizierte Pfleglinge. Schon Terrarien in den Maßen 20 x 30 x 40 cm (Länge x Breite x Höhe), reichen zu ihrer Haltung und Zucht voll und ganz aus. Für kleinere Arten (z. B. *P. subfusca*) genügen selbst Becken von 20 x 20 x 30 cm (Länge x Breite x Höhe). Derart kleine Terrarien wirken sich keineswegs negativ auf das Wohlbefinden der Pfleglinge aus, denn diese zeigen auch in der Natur einen eher geringen Bewegungsdrang und Raumbedarf.

Bei der Wahl des Behältnisses sollte, anstatt auf die Größe, eher auf eine ausreichende Belüftung geachtet werden. Fehlt diese, muss man sich möglicherweise mit Staunässe und Schimmelpilzen im Terrarium herumärgern, was sich nachteilig auf die Gesundheit der Insassen auswirken kann. Als Material für die Lüftungsfläche ist Fliegendraht, der eine hervorragende Luftdurchlässigkeit bietet, gegenüber Lochblech, welches verhältnismäßig schlecht durchlüftet, zu bevorzugen. Außerdem ist es empfehlenswert, zwei Lüftungen zu integrieren: eine oben und eine in der unteren Front des Beckens. Auf diese Weise wird ein wesentlich besserer Luftaustausch, als mit einer einzelnen Lüftungsfläche gewährleistet.

Abb. 141 Terrarium zur Gruppenhaltung dreier, adulter *P. miranda*. Man beachte, dass für jedes Tier ein separates Versteck zur Verfügung steht. Übrigens kann sogar die Vergesellschaftung von Arten wie *P. miranda*, die in der Natur oft noch als adulte Tiere zusammenleben, zu Kannibalismus führen. Eine Gruppenhaltung adulter Tiere sollte also vorher gut überdacht werden.

Als Bodengrund für das Terrarium hat sich eine ca. 5 cm hohe Schicht Blumenerde und/oder Torf bewährt. Die speichert nicht nur gut Feuchtigkeit sondern ist auch noch verhältnismäßig günstig erhältlich. Wird das Substrat durch partielles Gießen in etwa packungsfeucht gehalten, macht das einen Wassernapf und zusätzliches Sprühen im Prinzip überflüssig.

Abb. 142 Beispiel für eine Terrarieneinrichtung.

Trinkgefäße werden, falls vorhanden, aber dennoch hin und wieder von den Tieren genutzt.

Es ist empfehlenswert, Arten aus feuchteren Klimaten (*Poecilotheria striata, P. miranda, P. smithi, P. subfusca, P. ornata, P. tigrinawesseli* und *P. rufilata*) eine, gegenüber solchen aus trockeneren Habitaten, etwas höhere Luftfeuchtigkeit anzubieten. Deshalb sollte in die Becken dieser Tiere immer ein wenig mehr Wasser gegeben werden, als in die von Trockenwaldarten. Insbesondere für die Regenwaldbewohner *Poecilotheria subfusca, P. ornata* und *P. rufilata* ist die erhöhte Feuchtigkeit sehr wichtig, um sie dauerhaft bei Gesundheit zu halten.

Eine senkrecht oder leicht schräg im Terrarium festgeklemmte Korkröhre mit 5-10 cm Innendurchmesser (Faustregel: Innendurchmesser = Körperlänge der Spinne), dient den Tieren als Unterschlupf und wird meist unverzüglich angenommen. Das gilt insbesondere für Röhren mit Kontakt zum Bodensubstrat. Denn die Tiere nutzen die Kontaktstelle von Röhre und Bodengrund meistens als Eiablageplatz/Kokonbau. Alternativ zum Kork kann man auch Bambusrohre als Versteckmöglichkeit anbieten. An eine Terrarienwand gelehnte, flache Rindenstücke oder Korkplatten werden dagegen eher ungern als Versteckplätze angenommen. Sie bieten der Spinne aber eine gute Ausgangsposition für ihre nächtlichen Lauerjagden und können daher als zusätzliche Terrarieneinrichtung verwendet werden. Eine Bepflanzung des Terrariums ist nicht erforderlich. Immerhin ist ihr Wohnbaum die einzige Pflanze, mit der eine *Poecilotheria* in der Natur regelmäßig in Kontakt kommt. Möchte man nun aber ein optisch ansprechendes Schauterrarium einrichten, kann es natürlich auch dicht bepflanzt werden. Die Spinne wird weder Vor- noch Nachteile daraus ziehen.

Auf eine separate Beleuchtung des Beckens sollte verzichtet werden. Zu grelles Licht würde nur störend auf die nachtaktiven Spinnen wirken und diese sich tief in ihre Verstecke zurückziehen lassen. Wird das Terrarium an einem nur mäßig beleuchteten Platz aufgestellt, stehen die Chancen gut, eine *Poecilotheria* auch hin und wieder tagsüber außerhalb ihres Unterschlupfes beobachten zu können. Zur Beheizung des Terrariums sollte, anstatt auf eine Lichtquelle daher lieber auf Heizkabel- oder -matten zurückgegriffen werden, die an der Rückwand des Terrariums angebracht werden können.

Abb. 143 Einblick in ein Terrarium von *Poecilotheria metallica*. Die hinten schräg ins Becken gelehnte Korkröhre dient der Spinne als Versteckplatz.

Die Haltungstemperaturen sollten bei den meisten Arten um 28°C liegen. *Poecilotheria rufilata, P. subfusca* und *P. smithi* mögen es, als Bewohner höherer Lagen, etwas kühler. Hier genügen 24 bis 25°C. Eine Nachtabsenkung ist nicht unbedingt nötig, entspräche aber dem natürlichen Tagesrhythmus und ist daher durchaus zu empfehlen. Unter 20°C sollten die Temperaturen allerdings auch nachts nicht fallen. Wie im Kapitel „Das Mikroklima im Unterschlupf und die Klimapräferenz von *Poecilotheria* spp.“ erläutert, wäre eine allzu große Scherung zwischen Tag- und Nachttemperaturen nicht naturgemäß.

Die Grundreinigung des Terrariums ist, wenn überhaupt, nur einmal pro Jahr erforderlich. Und auch dann sollte möglichst vermieden werden, die Einrichtung des Beckens ganz neu zu strukturieren. Vielmehr macht es Sinn, dem Tier seine angestammte Umgebung wieder herzurichten. Durch Spinnenkot verschmutzte Scheiben lassen sich leicht mit warmem Wasser reinigen

Fütterung und geeignete Futtertiere

Während ihrer Nymphenphase sind *Poecilotheria* spp. gierige Fresser, die beinahe jedes Futtertier bis etwa zur eigenen Körpergröße überwältigen. Es ist wirklich erstaunlich, welche Futtermengen

Abb. 144 Ein adultes *Poecilotheria fasciata*-Weibchen beim Verzehr einer Steppengrille (*Gryllus assimilis*).

eine junge *Poecilotheria* verzehren kann. Gut geeignetes Futter für Jungspinnen sind beispielsweise Drosophila Fliegen oder Larven des Getreideschimmelkäfers (*Alphitobius diaperinus*), so genannte „Buffalowürmer“. Darüber hinaus kann natürlich jedes andere, der Größe der Spinnen entsprechende Futtertier gereicht werden. So eignen sich z. B. Jungtiere von Heimchen (*Acheta domestica*) und verschiedenen Schabenarten, oder für größere Nymphen auch Mehlwürmer (*Tenebrio molitor*) sowie Zophobas. Letztere, die Larven des Großen Schwarzkäfers (*Zophobas morio*), können aber nur bedingt empfohlen werden. Diese Tiere vergraben sich häufig im Bodensubstrat, oder nagen sich Gänge in hölzerne Einrichtungsgegenstände und werden dann von der Spinne nicht mehr gefunden. Wochen später tauchen sie schließlich als voll entwickelte Käfer wieder auf. Und die werden von den Spinnen nur selten als Futter akzeptiert.

Werden *Poecilotheria* spp. adult, lassen sie sich nach ihrem Fressverhalten in zwei Gruppen einteilen. Entweder behalten sie den beträchtlichen Nahrungsverbrauch ihrer Jugendzeit bei (*Poecilotheria fasciata, P. hanumavilasumica, P. regalis, P. ornata, P. striata, P. formosa, P. pederseni, P. metallica, P. smithi*) oder sie wandeln sich zu eher moderaten Fressern (*Poecilotheria subfusca, P. rufilata, P. miranda, P. tigrinawesseli*). Letztere verhalten sich häufig auch noch sehr zurückhaltend gegenüber größeren Futtertieren wie Wanderheuschrecken oder Schaben. Als optimales Futter für derart vorsichtige Spinnen haben sich Heimchen und Steppengrillen erwiesen.

Für alle anderen Arten eignet sich im Prinzip jedes Futtertier bis zu ihrer eigenen Körpergröße. Sogar Mäuse werden von den großen Spinnen bereitwillig angenommen.

Vermehrung und Aufzucht

Geschlechtsbestimmung

Eine erfolgreiche Nachzucht seiner Pfleglinge ist für einen Terrarianer sicherlich die beste Bestätigung guter Haltungsbedingungen. Möchte man die *Poecilotheria*-Zucht in Angriff nehmen und befindet sich im Besitz eines adulten Paares einer Art, stellt das gewiss den Optimalfall dar. Zieht man aber Jungtiere groß und plant in der Zukunft eine Nachzucht, dann ist es planungstechnisch sicher wichtig, möglichst früh das Geschlecht seiner Tiere bestimmen zu können. Dies lässt sich bei einigen Arten *(P. ornata, P. fasciata, P. pederseni, P. miranda)* schon recht früh anhand der dimorphen Dorsalzeichnung erkennen.

Wir empfehlen aber, in einer Exuvie (abgestreifte Haut) nach Spermatheken und dem Uterus Externus zu suchen. Dazu wird die Exuvie der Spinne zunächst einmal für etwa 5 Minuten in Wasser mit etwas Spülmittel gelegt, um sie aufzuweichen. Stammt sie von einem frisch gehäuteten Tier, dürfte sie noch gut formbar sein und das Einweichen ist überflüssig.

Anschließend wird mittels zweier Präpariernadeln, Pinzetten oder vergleichbarem Werkzeug die Haut des Hinterleibs aufgefaltet, so dass die Innenseite oben liegt. Jetzt sollte man einen recht guten Blick auf die hellweißen, vorderen und hinteren Buchlungenpaare der Spinne haben. Im Anschluss wird eine hypothetische Querlinie entlang des unteren Randes der vorderen Buchlungen (die zum Prosoma hin liegen) gezogen. Hat man ein Weibchen vor sich, müsste sich genau oberhalb des Mittelpunktes dieser Linie die Spermathek mit dem Uterus Externus, ein kleines rötliches Trapez befinden. Beim Männchen fehlt dieses hingegen. Hier können jedoch links und rechts der Geschlechtsöffnung kleine pilzförmige Gebilde sein, die hin und wieder mit einer Spermathek der Weibchen verwechselt werden. Ist jedoch ein Uterus Externus - ein transparenter „Lappen“ - feststellbar, ist dies ein eindeutiges Zeichen für ein Weibchen.

Mit ein wenig Übung und Geduld ist die Suche nach Spermatheken ein unkomplizierter und fast 100%ig sicherer Weg, das Geschlecht seiner Tiere zu bestimmen. Außerdem lässt sich diese Methode schon bei Nymphen ab ca. 3 cm Körperlänge problemlos anwenden. Bei kleineren Tieren ist es oft sehr schwierig, die Haut aufzufalten und nach den noch sehr kleinen Strukturen einer Spermathek zu suchen.

Ferner sollte noch beachtet werden, dass die Spermathek bei *Poecilotheria* metallica zweigeteilt ist; man müsste bei einem weiblichen Exemplar also zwei Trapeze erwarten.

Abb. 145 Aufgefaltete Haut eines *Poecilotheria*-Weibchens. Die trapezförmige Spermathek ist zwischen den vorderen Buchlungen zu erkennen.

Im Übrigen können eine Lupe oder ein Binokular bei dieser Methode sehr hilfreich sein. Vor allem bei der Untersuchung kleiner Häute.

Eine weitere Methode, die Haut von schon etwas größeren Tieren auf eine Spermathek hin zu untersuchen ist es, sie auf einer Glasplatte auszubreiten und dann mit einer Taschenlampe von unten anzustrahlen. Im Gegenlicht lässt sich dann die sich rehbraun absetzende Struktur einer Spermathek recht gut erkennen.

Anhand des äußeren Baus der Epigastralfurche nach Geschlechtern zu trennen, ist bei vielen *Poecilotheria*-Arten eine eher unsichere Methode. Gerade bei kleineren Tieren ist sie nicht besonders empfehlenswert.

Paarung und Simulation des klimaabhängigen Vermehrungszyklusses

Für eine erfolgreiche Nachzucht von *Poecilotheria*-Arten ist es ratsam, eine je nach Habitattyp mehr oder weniger ausgeprägte Monsunfolge zu simulieren. Es empfiehlt sich also, den Tieren einen klimatischen Paarungszyklus aus Regen- und Trockenzeiten anzubieten. Wie dieser Zyklus bei verschiedenen Arten genau auszusehen hat und welche weiteren Faktoren zu berücksichtigen sind, wird im Folgenden erläutert.

Hat man noch keinerlei Kenntnisse in der Zucht von *Poecilotheria* spp, raten wir, erste Nachzuchtversuche mit den Arten *Poecilotheria fasciata, P. ornata, P. pederseni, P. regalis* oder *P. striata* zu unternehmen. Sie sind nicht nur vergleichsweise leicht zu vermehren, sondern produzieren, mit 100-250 Jungtieren, auch noch ziemlich viel Nachwuchs. Die meisten anderen *Poecilotheria*-Arten sind eher schwierig zur Nachzucht zu bringen. Auch unter den besten Bedingungen produzieren sie nach der Verpaarung nicht zwangsläufig einen Kokon. Bei den oben aufgeführten Arten funktioniert die Nachzucht bei Einhaltung einiger Grundregeln dagegen fast immer.

Nebenbei bemerkt, man sollte sich nicht scheuen, Paarungsversuche auch mit sehr kleinen bzw. jungen Weibchen zu unternehmen. Einige *Poecilotheria*-Arten erreichen im ausgewachsenen Zustand, mit über 7 cm Körperlänge, zwar beachtliche Größen (z. B. *P. ornata und P. rufilata*). Jedoch werden die Weibchen selbst dieser großwüchsigen Arten mit knapp 5 cm Körperlänge geschlechtsreif und lassen sich dann bereits für Zuchtzwecke verwenden. Dabei geht man bei *Poecilotheria* spp. am besten folgendermaßen vor:

Etwa 8-10 Wochen nach ihrer Häutung kann ein adultes Männchen in das Terrarium des vorher gut angefütterten Weibchens gesetzt werden. Vorher muss das Männchen ein Spermanetz gebaut haben. Dieses hängemattenartige weiße Gebilde, bzw. seine Reste lassen sich meist recht gut im Terrarium des Männchens erkennen.

Am besten wird der Paarungsversuch in den Abendstunden durchgeführt, wenn es dunkel ist. Störungen, die die Tiere ablenken könnten, sind zu vermeiden. Meistens beginnen die Spinnen dann unmittelbar mit der Balz. Zeigen die Partner zunächst scheinbar kein Interesse aneinander, gilt es Geduld zu wahren. Manchmal dauert es einige Zeit, bis sie mit dem Paarungsvorspiel anfangen.

Möchte man nicht die ganze Nacht vor dem Terrarium verbringen, um die Eröffnung der Balz zu beobachten, darf man die Tiere auch sich selbst überlassen. Solange sich das Weibchen nicht aggressiv verhält, kann das Männchen für einige Tage bis Wochen in ihrem Becken belassen werden. Dabei kommt es jedoch ab und an zu Kannibalismus. Will man den um jeden Preis vermeiden, bleibt einem wohl kaum etwas anderes übrig, als das gesamte Balzritual zu verfolgen. Gegebenenfalls wird dann das Männchen direkt nach der Paarung entfernt und einige Wochen später nochmals zum Weibchen gesetzt. Häufig verpaaren sich die Tiere dabei ein zweites Mal.

Übrigens spielt in Gefangenschaft die Jahreszeit für eine Verpaarung keine Rolle. Hat sich ein Weibchen gehäutet, kann es verpaart werden, egal ob im Winter oder im Sommer. Immerhin kann der Pfleger die klimatischen Gegebenheiten im Terrarium je nach Bedarf regulieren und ist nicht auf das externe Klima angewiesen.

Zeigen Weibchen einige Zeit nach der Paarung einen deutlich gesteigerten Nahrungsverbrauch, wobei ihr Hinterleib stark an Volumen zunimmt, ist das ein gutes Zeichen für den Paarungserfolg. Es ist aber keine Voraussetzung für einen Kokonbau. Stimmen die äußeren Faktoren, können nämlich auch schlecht genährte Weibchen Kokons produzieren.

Erfahrungsgemäß ist einer der wichtigsten den Nachzuchterfolg bestimmenden Faktoren die Temperatur. So verringern insbesondere zu kühle Haltungsbedingungen die Chancen auf einen Nachzuchterfolg beträchtlich. Hält man *Poecilotheria fasciata, P. hanumavilasumica, P. ornata, P. pederseni, P. regalis* oder *P. striata* aber unter den oben aufgeführten Temperaturen (28°C), ist das schon „die halbe Miete" für eine Nachzucht. Wird dann noch über einige Monate nach der Paarung hinweg langsam die Luftfeuchtigkeit gesenkt und danach allmählich wieder angehoben, löst das oft den Kokonbau aus. Ähnliche Nachzuchtbedingungen gelten auch für *Poecilotheria rufilata*, wobei diese Art nicht ganz so einfach zum Kokonbau zu bewegen ist. Hier gilt es noch weitere Erfahrungen zu sammeln, um häufiger Nachzuchten erzielen zu können. *Poecilotheria smithi* ist unter ähnlichen Bedingungen wie *P. rufilata* nachzuzüchten.

Noch etwas komplizierter gestaltet sich die Nachzucht von *Poecilotheria subfusca*, *P. metallica*, *P. formosa, P. tigrinawesseli* und *P. miranda*. Es empfiehlt sich, diesen Arten ca. 4 bis 8 Wochen

Abb. 146 *Poecilotheria miranda*: Ruhephase bei der Verpaarung.

nach der Paarung eine „Winterruhe" von ungefähr 8 bis 10 Wochen zu bieten. Die Temperaturen sollten währenddessen um 20°C (bei *P. subfusca* besser um 15°C) liegen und die Luftfeuchtigkeit abgesenkt werden. Erhöht man nach dieser Phase die Temperatur und Luftfeuchte wieder langsam, dauert es meist nicht mehr lange, bis ein Kokon gebaut wird. Nach HUWILER (mündl. Mttlg.) soll die Vermehrung von *Poecilotheria subfusca* bei insgesamt etwas kühleren Haltungstemperaturen (22°C) aber auch schon ohne Winterruhe gelungen sein. Wichtig ist zudem, die Jungtiere keiner Temperaturabsenkung zu unterziehen. Vor allem junge *P. subfusca* Nymphen reagieren ziemlich empfindlich auf zu niedrige Temperaturen.

	Gleich bleibende Haltungstemperaturen + Regen- und Trockenzeit	*Winterruhe + Regen- und Trockenzeiten*
Leicht zu züchten	*P. regalis, P. fasciata, P. hanumavilasumica, P. pederseni, P. ornata, P. striata*	–
Schwieriger zu züchten	*P. rufilata, P. smithi*	*P. miranda, P.tigrinawesseli, P. metallica, P. subfusca, P. formosa*

Tabelle 3: Leichter, oder schwieriger zu züchtende Arten.

Eiablage, Kokonzeitigung und Aufzucht der Jungtiere

Unter Terrarienbedingungen können zwischen Verpaarung und Eiablage 3 Wochen bis 11 Monate vergehen, in Ausnahmefällen sogar noch mehr. In aller Regel ist aber nach 3-6 Monaten mit einem Kokon zu rechnen.

Meist kündigt sich eine bevorstehende Eiablage durch Phasen völlig apathischen Verhaltens, gefolgt von Grabtätigkeit im Terrarium und dann von stark erhöhter Spinntätigkeit an. Dabei höhlt das Weibchen den Bodengrund unter seinem Versteck komplett aus. Oder es wirft vor seinem Unterschlupf eine Art Wall aus Bodensubstrat auf und spinnt sich dahinter blickdicht ein. Derart geschützt baut es schließlich seinen Kokon. Die beschriebene Vorbereitungsphase aus Apathie, Graben und Spinntätigkeit kann sich über den Zeitraum von einigen Wochen, aber auch mehreren Monaten erstrecken. Während dieser Zeit wird sich das Weibchen vorwiegend auf dem Boden des Terrariums aufhalten. Und auch der Kokon wird fast immer auf dem Erdboden gebaut sowie meistens in Bodennähe bewacht.

Für gewöhnlich bauen *Poecilotheria*-Weibchen nur einen Kokon. Anscheinend sind einige Arten aber in der Lage, ein paar Monate nach dem Schlupf des erstens Kokons ein zweites Gelege zu produzieren. Wir konnten das bisher bei *Poecilotheria regalis* und *P. metallica* beobachten. Häufige Störungen der Kokon tragenden Tiere führen mitunter zum Verzehr des Geleges und sollten daher möglichst vermieden werden. Es ist unseres Erachtens unnötig, während der „Kokontragzeit“ Futter zu reichen. Wichtig ist es aber, hin und wieder etwas Wasser am Rand des Beckens hineinzugeben, ohne dass der Kokon nass werden kann. Eier oder Jungtiere könnten andernfalls vertrocknen. Doch auch hier ist Vorsicht angeraten. Wird zu viel gegossen, also

Abb. 147 Dicht versponnenes Terrarium eines Kokon tragenden *Poecilotheria subfusca*-Weibchens. Im Vordergrund sieht man die Erde, die das Weibchen nach vorne geschafft hat, um sich etwas in den Bodengrund einzugraben. Die Spinne bewacht ihren Kokon hinter dem schräg ins Becken gelehnten Korkstück.

Abb. 148+149 Weibchen von *Poecilotheria ornata* (links) und *P. smithi* (rechts) verteidigen ihren Kokon. Es ist recht schwierig, den Tieren ihr Gelege wegzunehmen. Sie klammern sich meist äußerst verbissen daran fest.

der Bodengrund völlig durchnässt, kann auch das zum Kokonverlust führen. Etwa durch Verfaulen und/oder Verzehr des Geleges durch die Mutter. Selten kommt es auch ohne ersichtlichen Grund zum Fressen des Kokons. In aller Regel wird das Weibchen ihn aber komplikationslos zeitigen. Ist das der Fall, raten wir, ihm seinen Kokon 5 Wochen nach der Eiablage wegzunehmen. Dann enthält er bereits Prälarven, die sich auch außerhalb des Kokons problemlos entwickeln. Auf keinen Fall sollte der Kokon aber zu früh weggenommen werden, denn Eier sind deutlich schwieriger zu zeitigen. Es gehören schon großes Glück und viel Arbeit dazu, die Eier ohne das Zutun der Spinnenmutter bis ins Prälarvenstadium zu bringen. Meist werden Eier aus zu früh entnommenen Kokons einfach die Entwicklung einstellen und irgendwann verpilzen oder verfaulen. Kann der Zeitpunkt des Kokonbaus nicht genau eingegrenzt werden, sollte daher lieber einige Wochen länger gewartet werden bis er entnommen wird. Sicher besteht auch die Möglichkeit, den Kokon bis zum Schlupf der Jungtiere beim Weibchen zu belassen. Immerhin ist die Vogelspinnenmutter natürlicherweise befähigt, ihren Kokon optimal zu versorgen. Darüber hinaus ermöglicht es sicher einen interessanten Einblick ins Verhaltensrepertoire der Tiere, die Jungspinnen bei ihrer Mutter schlüpfen und ggf. aufwachsen zu lassen. Doch nicht selten befinden sich im Gelege unbefruchtete Eier, die mit der Zeit zu faulen beginnen und Prälarven verkleben können, welche schließlich sterben. So können trotz aller Fürsorge durch das Spinnenweibchen ganze Kokons „umkippen". Ferner ist es eine ungemein zeitraubende Aufgabe, 200 *Poecilotheria*-Nymphen aus dem Terrarium ihrer Mutter zu fangen. Doch kann man durch die frühzeitige Entnahme des Kokons möglicherweise dem Fressen desselben zuvorkommen. Einem *Poecilotheria*-Weibchen den Kokon wegzunehmen ist allerdings nicht ganz einfach. Sie wird ihren Nachwuchs entweder äußerst aggressiv verteidigen oder sich einfach im Kokon verbeißen, um ihn bei sich zu halten.

Abb. 150 Kokon von *Poecilotheria hanumavilasumica*.

Abb. 151 Gefäß zur Zeitigung von Prälarven und Larven. In solchen, mit leicht angefeuchtetem Küchenpapier ausgelegten Dosen entwickeln sich die Jungspinnen hervorragend.

Um dennoch an den Kokon zu gelangen, sollte dieser mit einer langen Pinzette ergriffen und das Weibchen gleichzeitig mit einem Holzstab abgelenkt werden. Mit etwas Glück lässt es daraufhin vom Kokon ab, um sich dem hölzernen Angreifer zuzuwenden. Und genau in diesem Moment muss das Gelege schnell aus dem Terrarium entfernt werden. Natürlich darf dabei mit der Pinzette nur die Hülle des Kokons ergriffen werden. Greift man zu weit ins Innere, besteht die Gefahr, dass die sich im Kokon befindenden Jungspinnen zerquetscht werden.

Anschließend wird die Seidenhülle des Kokons mit einer Nagelschere vorsichtig aufgeschnitten und die Prälarven in eine mit leicht angefeuchtetem Küchenpapier ausgepolsterte Heimchendose geschüttet. Befinden sich bereits Larven im Kokon, wird dieser einfach in die Heimchendose gelegt, die kleinen Spinnen verlassen ihn dann selbstständig.

In den mit angefeuchtetem Küchenpapier ausgelegten Heimchendosen entwickeln sich Prälarven und Larven bei den oben erwähnten Haltungstemperaturen hervorragend, wohingegen Torf oder Blumenerde als Zeitigungssubstrat ungeeignet sind. Diese Substrate beinhalten oft Milben und Schimmelpilze, die sich auf den Jungspinnen niederlassen könnten. Hin und wieder sollte das Küchenpapier ausgewechselt werden, um Schimmelbildung vorzubeugen, auf die die kleinen Spinnen ziemlich empfindlich reagieren könnten. Außerdem dürfen insbesondere Prälarven nicht allzu hell untergebracht werden. Am besten dunkelt man ihre Behältnisse etwas ab. Zudem sollten Jungspinnen aus einem Kokon vorerst auch gemeinsam in einer Dose untergebracht werden. Ein Vereinzeln der Tiere ist völlig überflüssig. Des Weiteren ist es empfehlenswert, die Heimchendosen in dicht schließende Kunstoffboxen zu stellen. Auf diese Weise kann ein Eindringen von Buckelfliegen (Phoridae) verhindert werden, deren Larven innerhalb einer Woche einen gesamten Kokoninhalt vertilgen können. Buckelfliegen sind Kosmopoliten die heute in den meisten Terrarienanlagen zu finden sind. Ihre Larven ernähren sich vorwiegend von verwesenden Tieren und Pflanzenteilen. Leider bilden auch die noch unbeholfenen Prälarven und Larven von Spinnen eine hervorragende Lebensgrundlage für diese Tiere. Daher sollte unbedingt versucht werden, die Fliegen von ihnen fern zu halten. Jedoch sind Buckelfliegen in der Lage, selbst in geschlossene Heimchendosen einzudringen. Daher bedarf es des zweiten, „bukkelfliegendichten" Behältnisses. Zu diesem Zweck sind 5 Liter fassende Dosen der Firma „Fürst-Plast" besonders gut geeignet. Eine separate Lüftungsfläche für die 5 Liter Boxen ist dabei nicht notwendig. Ganz im Gegenteil, sie würde eine potentielle Eindringungsmöglichkeit für Buckelfliegen darstellen. Zur Sauerstoffversorgung der Jungspinnen genügt es, hin und wieder den Deckel der Boxen abzunehmen. Auf diese Weise können die Jungtiere ohne weiteres bis zum Erreichen des Nymphenstadiums gemeinschaftlich gehalten werden. Übrigens, Larven bevorzugen trockenen Bodengrund bei relativ hoher Luftfeuchte, Bedingungen, die sie auch in der Höhle ihrer Mutter vorfinden. Aus diesem Grund ist es empfehlenswert, das

Küchenpapier, mit dem ihre Behältnisse ausgelegt werden, nur am Rand zu befeuchten. Die Tiere werden sich dann vorwiegend in der trockenen Mitte des Behälters aufhalten. Nicht zuletzt ist es völlig überflüssig, Prälarven und Larven zu füttern.

Häuten sich die Spinnen schließlich in das erste Nymphenstadium (für Entwicklungszeiten siehe Kapitel "Prälarven und Larven – die Entwicklung zur fertigen Spinne"), ist Vorsicht angeraten. Hin und wieder beginnen Tiere, die sich bereits zu Nymphen gehäutet haben, ihre noch im Larvenstadium befindlichen oder häutenden Geschwister zu fressen (*Poecilotheria fasciata*). Besonders ausgeprägt scheint dieses Verhalten bei den Arten *P. metallica, P. formosa, P. miranda* und *P. tigrinawesseli* mit einem „II. Larvenstadium" zu sein. Hier fressen Tiere im zweiten Larvenstadium ihre Geschwister, die sich noch im ersten Larvenstadium befinden oder sich gerade häuten. Und das passiert oft bereits wenige Tage nach ihrer Häutung. Dabei lagen die Verluste durch Kannibalismus, mit bis zu 33% der Jungen, weit höher als bei Arten mit gewöhnlichem Entwicklungszyklus. Denen fielen nur einige wenige (max. 10% des Geleges) Geschwister zum Opfer. Falls Kannibalismus auftritt, sollten Nymphen von Larven getrennt werden, um unnötige Verluste zu vermeiden. Haben sich letztere aber gehäutet, kann man sie meist wieder mit ihren Geschwistern vergesellschaften. Nymphen fast aller *Poecilotheria*-Arten sind untereinander relativ verträglich und können dementsprechend auch gemeinsam aufgezogen werden. Für die Aufzucht, z. B. in 10er Gruppen, eignen sich zunächst Heimchendosen, später für größere Tiere 5-Liter-Boxen. Als geeigneter Bodengrund für derartige Behältnisse junger *Poecilotheria* spp. haben sich Küchenpapier oder Blumenerde bewährt. Ersteres schimmelt aber ziemlich schnell und muss daher häufig ausgetauscht werden. Einige Stücke Kork dienen als Versteckplätze und vervollständigen die spartanische aber zweckmäßige Einrichtung des Miniterrariums.

Allerdings kann eine Gruppenaufzucht nicht uneingeschränkt empfohlen werden. So neigen *Poecilotheria ornata*-Jungtiere schon sehr früh, meist ab dem 2. Nymphenstadium, zum Kannibalismus und sollten daher besser vereinzelt (z. B. in Filmdosen) werden (zu *P. metallica* liegen unterschiedliche Erfahrungen vor, vgl. S. 76). Zum Trennen der Jungspinnen sollte ein möglichst weiträumiger freier Platz gewählt werden, um den flinken Tieren keine Flucht- und Versteckmöglichkeiten zu bieten. Für diesen Zweck ist eine Badewanne besonders gut geeignet.

Selbst bei der Aufzucht verträglicher *Poecilotheria*-Arten kann es immer wieder zu Fällen von Kannibalismus kommen. Insbesondere dann, wenn die Tiere etwas größer werden, lässt ihre Verträglichkeit offenbar Stück für Stück nach. Bei den von uns gemeinschaftlich aufgezogenen *Poecilotheria*-Arten (alle bis auf *P. uniformis* und *P. smithi*), fielen fast immer einige wenige Tiere ihren Geschwistern zum Opfer.

Abb. 152 5 Liter fassende Kunststoffbox zur Gruppenaufzuchthaltung von halbwüchsiger *Poecilotheria* spp., hier für *P. miranda*. Man kann in derartigen Gefäßen problemlos 10-20 halbwüchsige Nymphen verträglicher *Poecilotheria*-Arten unterbringen.

Die geringsten Ausfälle ergaben sich bei *Poecilotheria subfusca* und *P. miranda*, bei deren Aufzucht Kannibalismus sehr selten vorkommt.

Eine weitere Beobachtung, die gegen völlig problemlose Vergesellschaftung von *Poecilotheria*-Nymphen spricht, ist das oft ausgeprägte Konkurrenzverhalten um Beute, bzw. der Beutediebstahl. Selbst bei guter Futterversorgung entreißen sich Jungtiere regelmäßig die erbeuteten Futtertiere. Dabei werden schwächere oder weniger aggressiv vorgehende Gruppenmitglieder stark benachteiligt. Nicht selten zeichnet sich in derartigen Gruppen mit der Zeit eine erhebliche Größendifferenz zwischen den Nymphen ab. Dieser Größenunterschied könnte sich förderlich auf eventuellen Kannibalismus auswirken; sprich „Groß frisst Klein". *Poecilotheria subfusca* hingegen zeigten nicht nur sehr selten Konkurrenzverhalten, sondern schienen in Gruppenaufzucht sogar schneller zu wachsen.

Nach Bustard (2003) sollen auch gemeinschaftlich aufgezogene *Poecilotheria regalis*-Nymphen ein gegenüber solitären Tieren beschleunigtes Wachstum zeigen. Eigenen Beobachtungen zufolge tritt bei Gruppenaufzucht dieser und der meisten anderen *Poecilotheria*-Arten eher die beschriebene Wachstumsscherung auf. Das heißt, wenige Nymphen zeigen zwar eine überdurchschnittliche Größenzunahme, aber zu Ungunsten einiger ihrer Geschwister. Diese können durch mangelnde Nahrung regelrecht im Wachstum verkümmern. Ähnliche Beobachtungen konnte Haeni (2006) bei *Poecilotheria fasciata* machen. In einem Vergesellschaftungsexperiment konnte er nachweisen, dass das Wachstum in Gruppen zu Ungunsten einiger Tiere ausfällt, die offenbar zu wenig Futter abbekommen. Insgesamt sollte eine Gruppenaufzucht von *Poecilotheria* spp. also durchaus überdacht werden. Insbesondere, wenn man sich im Besitz nur weniger Jungtiere einer Art befindet, könnte der Verlust einer Nymphe schmerzlich sein. Dem Terrarianer, der nach wenig arbeitsintensiven Alternativen zur Einzelhaltung sucht und geringfügige Verluste hinnehmen kann, sei die Gruppenaufzucht aber empfohlen.

Für das Gelingen einer Gruppenhaltung scheint es offenbar keine Rolle zu spielen, ob Geschwister oder blutsfremde Tiere vergesellschaftet werden. Nach Foelix (1996) sind chemische Signale, die soziale Spinnen davon abhalten ihre Artgenossen zu attackieren, relativ unspezifisch und wirken oft sogar artübergreifend. Beispielsweise lebten einige aus dem Terrarium ihrer Mutter entlaufene *Poecilotheria formosa*-Nymphen mehrere Tage zusammen mit einer *Poecilotheria regalis*-Nymphe im selben Schlupfwinkel, und das ohne ersichtliche Anzeichen von Aggressivität. Zudem verlief die Vergesellschaftung von einigen *Poecilotheria regalis*- und *P. pederseni*-Nymphen über annähernd 6 Monate völlig aggressionslos. Hat man sich für eine gemeinschaftliche Aufzucht entschieden, stellt sich früher oder später sicherlich die Frage, wann die Nymphen zu vereinzeln sind. Im Regelfall sollten sie nach spätestens einem Jahr, mit etwa drei cm Körperlänge, getrennt werden. Zumindest sollte dann die Bestandsdichte in ihren Behältnissen etwas ausgedünnt werden, um den Tieren die Möglichkeit zu bieten, sich aus dem Weg zu gehen. So können unnötige Konkurrenzsituationen vermieden werden. Tabelle 4 bietet genauere Hinweise auf mögliche Gruppenhaltung von *Poecilotheria*-Nymphen.

Vergesellschaftung adulter Tiere

Es übt sicher einen gewissen Reiz aus, seine Pfleglinge auch nach der Geschlechtsreife noch gemeinsam zu halten. Daher sei auch hierzu eine Erfahrung beigesteuert: In einem Terrarium mit den Maßen 40 x 40 x 50 cm (Länge x Breite x Höhe) lebten fast drei Jahre lang acht *Poecilotheria regalis* (2 Männchen, 6 Weibchen) von klein auf zusammen. Sie verhielten sich untereinander völlig friedlich. Zwei Tiere bauten sogar

Empfehlenswert, auch über das erste Lebensjahr hinaus	Im ersten Lebensjahr zu empfehlen	Nur während der ersten 6 Lebensmonate zu empfehlen	Ab Nymphe nicht mehr zu empfehlen
P. miranda *P. subfuscus* *P. rufilata**	*P. rufilata* *P. fasciata* *P. pederseni* *P. regalis** *P. striata** *P. tigrinawesseli*	*P. regalis* *P. striata* *P. formosa* *P. metallica***	*P. ornata* *P. metallica***

Tabelle 4 Arten die zur Gemeinschaftsaufzucht besonders geeignet sind

* mit etwa 10% Verlust auch noch möglich
** vgl. Hinweise S. 76

Kokons in diesem Terrarium. Jedoch wurde jedem Tier eine separate Unterschlupfmöglichkeit angeboten, um Konflikte zu vermeiden. Vor Kurzem wurde die Gruppenhaltung dann aus Platzmangel aufgelöst. Derartige Positivbeispiele sollten aber nicht als Garantie für eine erfolgreiche Gruppenhaltung adulter *Poecilotheria* spp. verstanden werden. Vielmehr sollte man bedenken, dass eine Vergesellschaftung, insbesondere geschlechtsreifer Tiere, im Regelfall einen unnatürlichen Zustand darstellt. Und sie kann durchaus darin enden, dass sich die Spinnen gegenseitig bekämpfen, oder schlimmstenfalls sogar töten. Möchte man dennoch unbedingt mehrere Adulti im selben Becken pflegen, empfehlen sich dafür Arten mit – wie CHARPENTIER (1996) es ausdrückt – „sozialen Tendenzen". Das bedeutet, solche Arten, die auch in der Natur lange gemeinsam lebend angetroffen werden können. Das wären *Poecilotheria fasciata, P. rufilata* und *P. subfusca*, insbesondere aber *P. miranda* und *P. smithi*, die bisweilen sogar adult zusammen gefunden wurden. Aber selbst bei diesen relativ „verträglichen" Arten sind Komplikationen nicht 100%ig ausgeschlossen, so dass immer ein gewisses Restrisiko bestehen wird, seine Tiere zu verlieren. Andererseits lässt sich auf diesem Wege vielleicht noch das eine oder andere bisher unbekannte Detail über *Poecilotheria* zu Tage fördern.

Es hat sich übrigens als förderlich für das Gelingen der Gruppenhaltung herausgestellt, die Mitglieder der Gruppe gemeinsam aufzuziehen und nicht erst als Adulti zu vergesellschaften.

Ferner ist wichtig, den Tieren ein ausreichend großes Becken mit vielen Versteckmöglichkeiten zur Verfügung zu stellen. Außerdem muss an eine großzügige Futterversorgung gedacht werden. Auf diese Weise lässt sich mögliche Aggressivität zwischen den Spinnen von vornherein vermeiden.

Abb. 153 Gruppenhaltung fast adulter *P. regalis*.

Krankheiten und Parasiten, deren Vorbeugung und Behandlung

Erfreulicherweise sind wir bisher weitestgehend von Krankheiten unserer Tiere verschont geblieben und möchten auf die zur Verfügung stehende Hobbyliteratur (z. B. KLAAS 2003 oder CAPPELLETTI A. & G. VISIGALLI 2004) verweisen, da wir mangels eigener Erfahrungen nicht allzu viel zu diesem Thema beitragen können. Man sollte sich zu einem derart unerforschten Thema wie Vogelspinnenerkrankungen nicht allzu viele Heilungschancen versprechen.

Vorweg sei empfohlen, neu erworbene Tiere in eine mehrwöchige Quarantäne zu stellen. Zudem müssen möglicherweise kranke Exemplare umgehend von den Gesunden isoliert werden. Dadurch kann man unnötige Verluste vermeiden. Der Vollständigkeit halber seien hier noch die bisher bekannten Krankheitsbilder kurz aufgelistet. Auf diese Weise ist es eventuell möglich, ernst zu nehmende Erkrankungen von Einzeltieren zu erkennen, bevor sie bei gegebenem Ansteckungspotential auf den Bestand übergreifen. Außerdem kann möglicherweise übereiltes wenig hilfreiches Handeln seitens des Pflegers vermieden werden.

Abb. 154 Gut sichtbare, weiße Nematodenmasse im Mundbereich einer befallenen *Grammostola rosea*

Nematoden

Von allen Vogelspinnenerkrankungen haben die Nematoden in den letzen Jahren wohl das größte Aufsehen erregt. Die Klasse der Nematoden, aufgrund ihres fadenförmigen Körperbaus auch Fadenwürmer genannt, umfasst neben zahlreichen harmlosen und nützlichen Arten auch einige gefährliche Endoparasiten. Einige dieser Schmarotzer besiedeln offenbar das Verdauungssystem von Arthropoden, und so auch Vogelspinnen. Befallene Vogelspinnen wirken lethargisch und ziehen die Kiefertaster unter das Prosoma - was auf den ersten Blick so aussieht, als ob sie gerade fressen würden. Im fortgeschrittenen Befallsstadium findet sich häufig eine gut sichtbare weiße „Nematodenmasse" außerhalb des Mundraumes (SCHNEIDER 2004). Eine Nematodeninfektion zog bisher in den meisten Fällen den Tod des befallenen Tieres nach sich. Inzwischen scheint es aber erfreulicherweise bereits Ansätze zur Heilung dieses Krankheitsbildes zu geben (SCHNEIDER 2004). Für weitere Informationen sollte die entsprechende Literatur hinzugezogen werden.

„Zitterkrankheit"

Ein weiteres erwähnenswertes Krankheitsbild ist die so genannte „Zitterkrankheit", die auch als „Dyskinetisches Syndrom" bezeichnet wird.

Bisher sind lediglich Symptome und Folgen eines Befalls bekannt. Ursachen benennen zu wollen ist derzeit reine Spekulation. Möglicherweise gibt es mehrere die ein ähnliches Krankheitsbild hervorrufen.

Befallene Tiere verlieren die Kontrolle über ihre Motorik. Das bedeutet, sie vollführen unkontrollierte und zittrige Bewegungen. Im Endstadium wirken die erkrankten Tiere allerdings weitgehend lethargisch und sterben schließlich. Eine Heilung ist gegenwärtig nicht möglich.

Milben

Manchmal werden über das Bodensubstrat Milben ins Terrarium verschleppt. Diese Tiere ernähren sich meist saprophag, das bedeutet von organischen Abfällen in der Bodenstreu. Demzufolge stellen sie keine Gefahr für die Spinnen dar. Im ungünstigsten Fall können die Milben aber in Kokons eindringen und sich hier von Eiern oder Prälarven ernähren. Wird der Milbenbestand im Terrarium zur Last, macht es daher Sinn, den Bodengrund auszutauschen und das Becken samt Einrichtung gründlich zu reinigen. Diese Maßnahme schafft meist Abhilfe. Zudem kann ein trockenes Terrarienklima den Milbenbefall eindämmen.

Siedeln Milben auf der Spinne, und das kann insbesondere bei Wildfängen durchaus vorkommen, besteht für gewöhnlich kein Grund zur Sorge. Solange die Milben sich nur im Chelizerenbereich des Tieres aufhalten, dürfte es sich um harmlose Mitesser handeln. Nimmt der Befall aber überhand und greift beispielsweise auf die Beine der Spinnen über, kann folgende Maßnahme Abhilfe schaffen: Das befallene Tier kann für einige Minuten in einer Heimchendose direkt in die Sonne oder unter eine starke Lichtquelle gestellt werden. Die anscheinend sehr lichtempfindlichen Milben verlassen ihren Wirt dann oftmals und laufen ziellos durch sein Behältnis. Es ist aber darauf zu achten, die Spinne nicht zu lange dem direkten Sonnenlicht auszusetzen. Das Tier könnte sonst überhitzen.

Zuletzt sollte bedacht werden, dass es sich bei stark befallen Spinnen nicht selten um sehr alte, vielleicht sogar alterschwache Exemplare handelt. Sollten diese sterben, muss das also nicht unbedingt mit dem Milbenbefall zu tun haben.

Pilzbefall

Oberflächlicher Pilzbefall ist eine Krankheitsform, die bei rechtzeitiger Behandlung eher harmlos ist. Erfahrungsgemäß tritt sie insbesondere an verletzten Tieren auf, die zu feucht und bei schlechter Belüftung gehalten wurden. Solange der Pilz sich nur im Bereich der Verletzung verbreitet, etwa der Wunde eines abgetrennten Beines, besteht kaum Grund zur Sorge. Wird das befallene Tier in einen trockenen, gut durchlüfteten Behälter überführt, bildet sich der Pilz meist von alleine zurück. Unterstützend können auch für den menschlichen Bedarf vertriebene Fußpilzsalben verwendet werden. Damit haben wir recht gute Erfahrungen bei der Behandlung befallener Spinnen gemacht.

Abb. 155 Stark verpilztes Opisthosoma bei einer *Homoeomma* sp.

Buckelfliegen

Anschließend sei nochmals auf die vielen Vogelspinnenhaltern sicher bestens bekannten Buckelfliegen aus der Familie Phoridae eingegangen. Eigentlich handelt es sich dabei nicht um Krankheitserreger. Dennoch können Buckelfliegen zu einigen nicht unerheblichen Problemen in der Terrarienhaltung von Spinnen führen.

Die nur wenige Millimeter großen Zweiflügler erinnern auf den ersten Blick an Fruchtfliegen und werden auch häufig mit diesen verwechselt. Im Gegensatz zu Fruchtfliegen haben sie keine roten Augen, einen kleinen „Buckel" („Buckelfliegen"), sind recht flugfaul und fallen besonders durch ihre ruckartige Fortbewegung auf. Während des Larvenstadiums ernähren sie sich vorwiegend von verwesenden organischen Substanzen. Ihre Nahrungspräferenz, in Verbindung mit ihrer ausgesprochen kurzen Generationszeit, kann diese Tiere zur regelrechten Plage in einer Terrarienanlage werden lassen. Oft reichen schon einige Futterreste, die aus Unachtsamkeit für wenige Tage im Becken belassen wurden, und die Phoriden vermehren sich darauf explosionsartig.

Zwar gehören gesunde Vogelspinnen nicht zum Nahrungsspektrum der Fliegenlarven, dafür aber sowohl Spinneneier als auch Prälarven und Larven. Ferner vermögen die auf der Suche nach geeigneten Eiablageplätzen ständig umher wandernden Fliegen möglicherweise Nematoden von erkrankten Spinnen in die Terrarien gesunder Exemplare zu verschleppen (SCHNEIDER 2004). Und nicht zuletzt können die bei Zeiten gehäuft auftretenden und im Flug deutlich hörbar surrenden Fliegen unheimlich lästig sein.

Buckelfliegen werden häufig als blinde Passagiere in Futtertierdosen eingeschleppt. Haben die Tiere sich erst einmal in einer Terrarienanlage festgesetzt, ist es kaum noch möglich, sie wieder loszuwerden. Durch handelsübliche Fliegenfänger, trockene Terrarienhaltung und das regelmäßige Absammeln von Futterresten vermag man aber zumindest die Anzahl der Fliegen klein zu halten. Ferner können zur Beseitigung von Futterresten so genannte „Weiße Asseln" (*Trichorhina tomentosa*) eingesetzt werden. Dabei handelt es sich um kleine Erdbewohner, welche die Vogelspinnen in keiner Weise stören. Indem sie sich von Schimmelpilzen ernähren, vermeiden die Asseln zusätzlich Schimmelbildung im

Abb. 156 Von Buckelfliegenlarven vertilgter Kokoninhalt. An den Rändern des Fotos sind noch die Puppenhüllen der Fliegen zu erkennen.

Abb. 157 Auf dieser an einer Nematodeninfektion verstorbenen *Homoeomma* sp. entwickelten sich binnen kurzer Zeit nach ihrem Tod zahllose Buckelfliegen. Die bräunlichen Puppen der Fliegen sind noch gut zu erkennen.

Terrarium. Weiße Asseln sind übrigens auch sehr effektiv im Verzehren der häufig im feuchten Terrariensubstrat abgelegten Eier von Heimchen und Grillen. Deren oft massenhaft schlüpfende Jungtiere, die durch Terrarienlüftungen entweichen, sind, insbesondere bei der Spinnenhaltung in Wohnräumen, sicher mehr als unerwünscht.

„Vogelspinnenkrebs"

Hin und wieder kommt es vor, dass Vogelspinnen unregelmäßig geformte Beulen auf dem Hinterleib entwickeln. Diese Beulen, oft auch als „Vogelspinnenkrebs" bezeichnet, bilden sich selten wieder zurück, ohne die Spinne merklich beeinträchtigt zu haben. Häufig überstehen betroffene Tiere aber nur noch wenige Häutungen und versterben dann.

Der Auslöser dieser Blasenbildung ist bislang noch nicht gefunden. Bisher sind auch kaum erfolgversprechende Behandlungsmethoden bekannt. Lediglich das Aufschneiden der betreffenen Beulen soll Abhilfe geschaffen haben (SCHNEIDER 2005). Bevor aber zu derartigen Notlösungen gegriffen wird, sollte der Krankheitsverlauf zunächst einmal beobachtet und das erkrankte Tier möglichst trocken untergebracht werden. Dann bildet sich das Geschwür möglicherweise von alleine zurück.

Abb. 158 „Vogelspinnenkrebs" bzw. Beulen auf dem Hinterleib einer juvenilen *P. metallica*. Das hier abgebildete Tier verstarb einige Monate nach der Aufnahme.

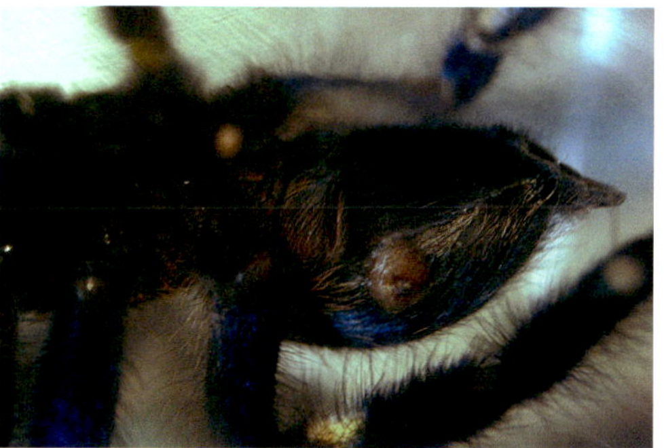

Zusammenfassung

Erkrankungen von Vogelspinnen sind leider oftmals nicht therapierbar und enden, trotz aller Mühen des Pflegers, häufig mit dem Tod der betroffenen Tiere. Durch gewisse Vorsichtsmaßnahmen können einige Erkrankungen aber vermieden werden. Ferner kann durch Quarantänemaßnahmen einem Übergreifen von Krankheiten oder Parasiten auf den Tierbestand vorgebeugt werden.

Werden die oben beschriebenen Grundregeln beachtet, dann wird man hoffentlich lange Freude an seinen Tieren haben. Und das ohne sich mit ärgerlichen Verlusten durch Krankheiten oder Parasiten herumschlagen zu müssen.

Artportraits

Poecilotheria fasciata (LATREILLE, 1804)

Einleitung

Poecilotheria fasciata ist die Typusart der Gattung *Poecilotheria*, d. h. anhand dieser Art und ihrer Merkmale wird die Gattung *Poecilotheria* definiert. Es handelt sich um die vermutlich am längsten in Europa bekannte *Poecilotheria*-Art. Bereits seit dem 17. Jahrhundert importierte man *Poecilotheria fasciata* als exotische Kuriosität, jedoch wurde sie erst im Jahre 1804 wissenschaftlich beschrieben (SMITH 2002). Ihr Erstbeschreiber, der französische Entomologe PIERRE ANDRE LATREILLE benannte die neue Spinnenart *Mygale fasciata*. Damit ordnete er sie einer zu seiner Zeit gebräuchlichen „Sammelgattung" für Vogelspinnen zu. Fast 50 Jahre später erkannte der deutsche CARL LUDWIG KOCH aber die Notwendigkeit, *M. fasciata* in eine eigenständige Gattung zu stellen. Und so wurde *M. fasciata* im Jahr 1851 zur Typusart der vermeintlich neuen Gattung *Scurria*. KOCH hatte jedoch übersehen, dass der Name *Scurria* bereits für eine Moluskengattung belegt war. Nach den internationalen Regeln der zoologischen Nomenklatur (International Code of Zoological Nomenclature, abgekürzt ICZN) darf aber jeder Gattungsname nur einmal vergeben werden. Wird festgestellt, dass zwei Gattungen den gleichen Namen haben, behält nur der zuerst veröffentlichte Name seine Gültigkeit. Für die später beschriebene Gattung muss ein neuer Name vergeben werden. Daher transferierte der französische Arachnologe EUGENE SIMON *Scurria fasciata* im Jahr 1885 in die neue Gattung *Poecilotheria*. Da *M. fasciata* nach ihrer Beschreibung in eine andere Gattung transferiert wurde, ist nach den ICZN der Autor der Erstbeschreibung sowie das Jahr der Beschreibung in Klammern zu setzen: *Poecilotheria fasciata* (LATREILLE 1804). Bei allen anderen *Poecilotheria*-Arten wäre dies falsch, da sie von Anfang an als Vertreter der Gattung *Poecilotheria* beschrieben und nie in eine andere Gattung verschoben wurden.

Habitus und Systematik

Weibchen: *Poecilotheria fasicata* ist zweifellos eine der bekanntesten *Poecilotheria*-Arten. Mit ihrer hübschen Färbung tragen die Tiere sicher einen nicht unerheblichen Teil zur Beliebtheit ihrer Gattung bei.

Weibchen werden mit bis zu 7 cm Körperlänge relativ groß. Viele Leser werden wohl ein *Poecilotheria fasciata*-Weibchen vor Augen haben, wenn sie an *Poecilotheria* denken. Dorsal tragen die Tiere ein Muster aus Schwarz, Weiß- und Grautönen. Längs über das graue Opisthosoma zieht sich das weiße Folium, welches schwarz umrandet ist. Über das graue Dorsalschild ziehen zwei schwarze Längsstreifen, die am Augenhügel zur typischen „Maske" zusammenlaufen. Die Chelizerengrundglieder sind beige bis grau und die Laufbeine zeigen oberseits ein schwarz-weißes Streifen- und Fleckenmuster. Im Gegensatz dazu sind die Taster dorsal weitgehend einheitlich grau oder weiß. Lediglich ihre Tarsen sind schwarz. Das Streifenmuster der Beinoberseite setzt sich in ähnlicher Verteilung auf der Unterseite fort. Bei den Vorderbeinen werden jedoch dorsal weiße Areale ventral durch ein grelles Gelb abgelöst. Prosoma und Opisthosoma sind ventral einheitlich braun.

Abb. 159 *Poecilotheria fasciata*, adultes Weibchen.

Abb. 160 *Poecilotheria fasciata*, adultes Männchen.

Die Spermathek von *Poecilotheria fasciata* besitzt Trapezform. Um *P. fasciata* von anderen Arten ihrer Gattung unterscheiden zu können, genügt die Form des Receptaculums nicht. Es gleicht nämlich dem der Arten *P. hanumavilasumica, P. formosa, P. miranda, P. ornata, P. pederseni, P. regalis, P. rufilata, P. smithi, P. striata, P. subfusca* und *P. tigrinawesseli*. Zur Artidentifikation muss die Streifenzeichnung der Beinunterseite herangezogen werden.

Männchen: *Poecilotheria fasciata* zeigt einen ausgeprägten Sexualdimorphismus. Männchen bleiben mit etwa 3-4 cm Körperlänge deutlich kleiner als ihre Artgenossinnen und sind weitgehend einheitlich braungrau gefärbt. Der Bulbus besitzt die *Poecilotheria*-typische Birnenform. Er ist basal stark bauchig und verfügt über einen breit gekielten Embolus.

Nymphen: Die Grundfärbung junger Nymphen ist ein dunkles Grau. Auffällige Farbmuster sind noch nicht ausgeprägt. Mit etwa 3 cm Körperlänge können junge *Poecilotheria fasciata* dann aber anhand ihrer dimorphen Dorsalzeichnung recht gut nach Geschlechtern getrennt werden (vgl. S. 18).

Verwandtschaftlich scheint *Poecilotheria fasciata* insbesondere der südindischen *P. hanumavilasumica* nahe zu stehen, von der sie sich nur durch kleine Unterschiede in der Ventralzeichnung abgrenzen lässt. Aber auch andere Arten, die ein ähnlich strukturiertes Stridulationsorgan und vergleichbare Bulbi aufweisen, stehen *P. fasciata* nahe. Insbesondere *P. pederseni* dürfte zum engeren Verwandtschaftskreis zählen. Sie ähnelt *P. fasciata* nicht nur stark, sondern hat auch sehr ähnliche ökologische Ansprüche.

Abb. 161 *Poecilotheria fasciata*, juveniles Tier.

Lebensraum

Von den sechs *Poecilotheria*-Arten Sri Lankas hat *Poecilotheria fasciata* das wohl mit Abstand größte Verbreitungsgebiet. In beinahe der gesamten Nordhälfte der Insel sind Fundorte dieser Tiere bekannt. Lediglich aus der von den Liberation Tigers of Tamil Eelam (LTTE) kontrollierten Nordspitze Sri Lankas wurden bisher keine Funde von *Poecilotheria fasciata* erwähnt. Vermutlich leben die Spinnen aber auch in dieser für Ausländer nur sehr schwer zugänglichen Region.

Demnach befindet sich der Lebensraum von *Poecilotheria fasciata* in den intermediären und trockenen Zonen Nord Sri Lankas. Diese Landesteile zählen zur ersten Rumpffläche, also dem Tiefland. Ursprünglich war das Gebiet von weitläufigen, immergrünen Trockenwäldern bedeckt, die auch heute noch den primären Lebensraum von *Poecilotheria fasciata* darstellen. Infolge anthropogener Einflüsse prägen aber heutzutage vor allem baumbestandene Savannen und Felder das Landschaftsbild. Jedoch sind auch noch große Flächen des ursprünglichen Trockenwaldes erhalten geblieben. Zudem befinden sich noch einige Dornwaldareale im Norden Sri Lankas, die möglicherweise von *P. fasciata* bewohnt werden.

Die beschriebenen Regionen weisen entweder tropisch invertiertes oder bixerisches Klima auf, wobei die Jahresniederschläge zwischen etwa 900 und 1600 mm schwanken. Während die Luftfeuchtigkeit im Wechsel von Regen- und Trockenzeiten erheblich variiert, bleiben die Tempe-

Abb. 162 Verbreitungskarte von *P. fasciata*

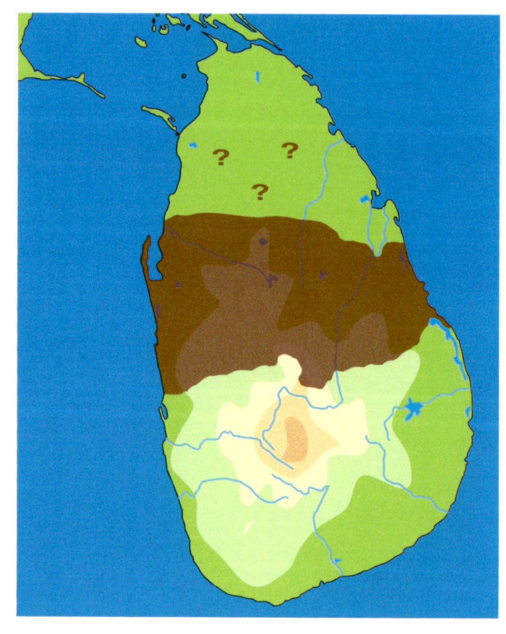

raturen im Jahresverlauf, mit Werten um 28°C, weitgehend konstant.

Lebensweise

Was ihren Lebensraum anbelangt, ist *Poecilotheria fasciata* nicht sonderlich wählerisch. Neben dem naturbelassenen Trockenwald besiedeln die Tiere auch Savannen, an den Wald grenzende Kokosplantagen und sogar in Hotelanlagen tauchen sie hin und wieder auf (KLAAS pers. Mittlg.). Nach SMITH (2002) finden die Spinnen in bewässerten Plantagen während der Trockenzeit sogar bessere Lebensbedingungen vor als in ihrem natürlichen Habitat. Besiedeln die Tiere Kokospalmen, entdeckt man sie vor allem im Inneren von hohlen Palmstämmen. Gelegentlich sollen sie sich aber auch in den Blattachseln der Palmen einnisten. *Poecilotheria fasciata* sind gierige Fresser und haben demzufolge einen sehr hohen Nahrungsverbrauch. Im Prinzip kommt jedes Tier bis etwa zur eigenen Körpergröße als potenzielle Beute in Frage.

Fortpflanzung

Zum Fortpflanzungsverhalten von *Poecilotheria fasciata* in der Natur ist bisher nichts bekannt. Nun ist die Fortpflanzung bei sehr vielen Arten der Gattung *Poecilotheria* an einen Wechsel aus Regen- und Trockenzeiten gekoppelt. Und daher ist anzunehmen, dass dieser Faktor auch die Reproduktion von *P. fasciata* steuert. Der Temperatur, die im Verbreitungsgebiet von *P. fasciata* im Jahresverlauf relativ konstant bleibt, kommt hier wohl kein besonderer Einfluss als Signalgeber zu.

Diese Vermutung lässt sich durch Beobachtungen im Terrarium bestätigen. Hier bauen Weibchen ihre Kokons zwar bei gleichbleibenden Temperaturen, jedoch oft erst nach einer simulierten Trockenzeit.

Demnach könnte die Paarungszeit der Tiere möglicherweise im Herbst/Winter, also der Hauptregenzeit liegen, wobei dann nach einer kurzen Trockenzeit die Kokons gebaut werden würden. Die Gelege von *P. fasciata* zählen mit bis zu 250 Eiern zu den größten ihrer Gattung.

Besonders interessant ist, dass *P. fasciata*-Nymphen offenbar noch sehr lange nach dem Schlupf im Unterschlupf ihrer Mutter verbleiben. Es lassen sich sogar Jungtiere zweier Generationen gemeinsam mit ihrer Mutter finden. Die Tiere zeigen also bereits sehr hoch entwickeltes Sozialverhalten. Was dabei verwundert ist, dass *P. fasciata*-Jungtiere oft kurz nach der Häutung in das Nymphenstadium beginnen, ihre noch im Larvenstadium befindlichen Geschwister zu verspeisen. Vielleicht hilft ihnen dieses Verhalten in der Natur, die harschen Trockenphasen zu überstehen. Möglicherweise schalten die Jungtiere so aber auch einfach etwaige spätere Konkurrenz am Wohnbaum aus. Bei den großen Gelegen von *P. fasciata* könnte diese sonst schnell zustande kommen.

Poecilotheria fasciata und der Mensch

Nach SMITH (2002) wird *Poecilotheria fasciata* in ihrem Lebensraum als gefährliche Giftspinne gefürchtet und den Tieren - wenn möglich - aus dem Weg gegangen.

Diese Einstellung spiegelt jedoch nur die eines Teiles der Bevölkerung Nord-Sri Lankas wieder. Gelegentlich können sich die Menschen sogar für ihre achtbeinigen Nachbarn begeistern. Einige Landarbeiter erzählten uns beispielsweise, dass sie allmorgendlich auf dem Fußweg zur Arbeit eine *Poecilotheria fasciata* an ihrem Wohnbaum beobachteten. Sie waren sichtlich begeistert von der großen Spinne.

Bedrohungssituation

Im Norden Sri Lankas finden sich noch weitläufige Areale immergrüner Trockenwälder, von denen viele staatlichen Schutz genießen. *Poecilotheria fasciata* ist aber nicht einmal auf derart naturbelassene Waldgebiete angewiesen, sondern besiedelt auch bereitwillig Baumsavannen und die auf Sri Lanka sehr häufigen Kokosplantagen.

Der Fortbestand dieser anpassungsfähigen Art scheint in der Natur auch auf lange Sicht noch gesichert zu sein.

Haltung und Zucht im Terrarium

Haltung: Für die Haltung von *Poecilotheria fasciata* - einer relativ großen Vertreterin ihrer Gattung - sollten Terrarien von 20 x 30 x 40 cm (L x B x H) gewählt werden. Bei Temperaturen um 28°C, einer relativen Luftfeuchte von etwa 70% und der bereits beschriebenen Einrichtung eines *Poecilotheria*-Beckens, erweisen sich die Tiere als dankbare Pfleglinge.

Zucht: Die Vermehrung von *Poecilotheria fasciata* ist nicht sonderlich kompliziert. Zu Verpaarung gibt man einfach das Männchen in das Terrarium des Weibchens. Die Tiere beginnen für gewöhnlich unmittelbar mit der meist sehr langwierigen Balz. Leider neigen sehr viele *P. fasciata*-Weibchen nach der Paarung dazu, ihren Partner zu verspeisen. Vermutlich wirkt sich der nicht unerhebliche Größenunterschied zwischen den Geschlechtern förderlich auf derartige Kannibalismusfälle aus. Um das Risiko von vornherein zu minimieren, müssen weibliche Tiere vor einer Paarung möglichst gut gefüttert werden.

In den folgenden Monaten sollte man die verpaarten Weibchen weiterhin mit ausreichend Nahrung versorgen und im Terrarium eine mehrwöchige Trockenperiode simulieren. Wird dann die Luftfeuchte langsam angehoben, dauert es meist nicht lange, bis ein Kokon gebaut wird. Bis zu diesem Zeitpunkt verläuft die Zucht von *Poecilotheria fasciata* meist weitgehend problemlos. Nicht selten kommt es dann aber zu sehr ärgerlichen Unannehmlichkeiten. Unerfreulicherweise neigen einige *P. fasciata*-Weibchen dazu,

Herkunft	*Nord Sri Lanka*
Terrariengröße	*20 x 30 x 40 cm*
Bedrohungsituation	*Nicht bedroht*
Zucht	*Einfach*
Von der Art bewohnte Klimazone	*Tropisch invertiertes und bixerisches Klima, trocken und warm*
Von der Art bewohnter Waldtyp	*Immergrüner Trockenwald, Baumsavanne*
Für Anfänger geeignete Art	*Ja*
Terrarienklima	*28 °C bei ca. 70% rLf*
Höhenlage	*Tiefland (0m- 200m)*
Erhältlichkeit im Zoohandel	*Oft erhältlich*
Etymologie	*fasciata = gebändert*
Synonyme	*Mygale fasciata* LATREILLE *1804 , Scurria fasciata* (KOCH *1851)*
Lokale Namen	*Divimakulawa, Diamakulu*
Eignung der Art zur Gruppenhaltung	*Im ersten Lebensjahr sehr gut geeignet, später kann es gelegentlich zu Kannibalismus kommen.*

Tabelle 5: Steckbrief *Poecilotheria fasciata*

ihren Kokon nach einigen Wochen zu verzehren. Und das aus völlig unerfindlichen Gründen. Des Weiteren befinden sich oft zahlreiche nicht entwickelte Eier in den Kokons. Glücklicherweise gibt es noch viele *P. fasciata*-Weibchen, die ihre Kokons fürsorglich bewachen und deren Gelege sich ohne größere Ausfälle entwickeln. Daher genügen die jährlichen Nachzuchten von *P. fasciata* noch vollkommen, um die Nachfrage nach dieser hübschen Art befriedigen zu können. Aus diesem Grund werden *P. fasciata*-Jungtiere derzeit auch sehr günstig angeboten.

Junge *Poecilotheria fasciata* eigenen sich während ihres ersten Lebensjahres recht gut für eine Gemeinschaftshaltung. Lediglich im Übergang Larve/Nymphe sollte man sich darauf einstellen, die Tiere bei eventuell auftretendem Kannibalismus vorübergehend zu trennen.

Zusammenfassend ist *Poecilotheria fasciata* oft und preisgünstig erhältlich, anpassungsfähig, pflegeleicht und darüber hinaus sehr einfach zu verpaaren sowie zum Kokonbau zu bewegen. All diese Attribute machen die Tiere zur idealen Anfängerpoecilotheria. Jedoch bringt ein Kokonbau bei dieser Art leider nicht immer auch den gewünschten Nachzuchterfolg mit sich sondern kann zur unerwarteten Enttäuschung werden. Das nimmt diesen Tieren sicher ein wenig von ihrer Attraktivität.

Poecilotheria formosa POCOCK, 1899

Einleitung

Poecilotheria formosa ist eine eher unscheinbare Art. Die Tiere werden meist weder sonderlich groß, noch sind sie außergewöhnlich gefärbt. Obwohl ihre Nachzucht relativ schwierig ist, sind die Spinnen seit Jahren regelmäßig im Handel erhältlich und können zu fairen Preisen erworben werden.

Abb. 163 *Poecilotheria formosa* (adultes Weibchen).

Habitus und Systematik

Weibchen: Ausgewachsene Weibchen erreichen in der Regel nicht mehr als 6 cm Körperlänge. Es handelt sich um eine sehr hell gezeichnete *Poecilotheria*-Art. Dorsal setzt sich ihre Grundfärbung aus verschiedenen Grau-, Schwarz- und Weißabstufungen zusammen. Das schmutzigweiße Dorsalschild trägt mittig zwei mehr oder weniger deutlich ausgeprägte schwarze Längsbänder. Diese laufen am Augenhügel zur immer gut erkennbaren „Augen-Maske“ zusammen. Das schwarz umrandete Folium ist weiß und trägt eine braune Mittellinie. Der Rest des dorsalen Opisthosomas sowie die Chelizerengrundglieder sind grau. Beine und Taster tragen oberseits eine charakteristische schwarz-weiße Streifenzeichnung, die sich auf der Beinunterseite fortsetzt. Die Taster sind, bis auf einen kleinen weißen Fleck auf der Patella, unterseits komplett schwarz. Vorder- und Hinterleib sind ventral einheitlich schwarz. Die beschriebene Dorsalzeichnung ist meistens ziemlich verwaschen und undeutlich. Daher erscheinen viele Tiere auf den ersten Blick mitunter einheitlich grau. Kräftig schwarz-weiß gemustert sind sie meist nur kurz nach der Häutung. Dauerhaft kontrastreich bleibende Tiere sind hingegen selten.

Abb. 164+165 Männchen (oben) und juveniles Tier (unten) von *P. formosa*. Diese Art zählt zu den eher unspektakulär gefärbten *Poecilotheria*-Spezies.

Frisch gehäutete Tiere haben ein wunderschönes blau- bis lilastichiges Dorsalschild, was sich aber recht schnell wieder verliert.

Männchen: Adulte *P. formosa*-Männchen erreichen mit fast 5 cm Körperlänge ähnliche Endgrößen wie Weibchen. Dorsal sind die Tiere überwiegend grau gefärbt. Zusätzlich verfügen sie meist am ganzen Körper über eine rote Langbehaarung.

Durch ihren lang gestreckten und in einem ausgeprägten Haken endenden Embolus lassen sich *Poecilotheria formosa*-Männchen recht gut von anderen *Poecilotheria*-Arten abgrenzen.

Nymphen: Junge *Poecilotheria formosa* sind anfangs überwiegend grau. Mit der Zeit entwikkeln sie dann aber die typischen Zeichnungsmuster adulter Weibchen. Männliche Exemplare färben sich erst mit der Reifehäutung um, anhand der Färbung sind sie vorher nicht von Weibchen zu unterscheiden. Dieser Umstand erschwert die Geschlechtsbestimmung bei jungen *Poecilotheria formosa* natürlich.

Die engere Verwandtschaft von *Poecilotheria formosa* ist wohl am ehesten bei den Arten *Poecilotheria miranda, P. tigrinawesseli* und *P. metallica* zu suchen. All diese Arten zeichnen sich - wie *P. formosa* - durch ein zweites Larvenstadium aus. Aufgrund des schlanken Bulbus sowie sehr ähnlicher ökologischer Ansprüche dürfte insbesondere *P. metallica* als Verwandte infrage kommen. Jedoch ist hier sicher keine derart nahe Verwandtschaft anzunehmen wie etwa bei *Poecilotheria fasciata* und *P. hanumavilasumica*. Vielmehr dürften sich *Poecilotheria metallica* und *P. formosa* bereits recht weit auseinander entwickelt haben.

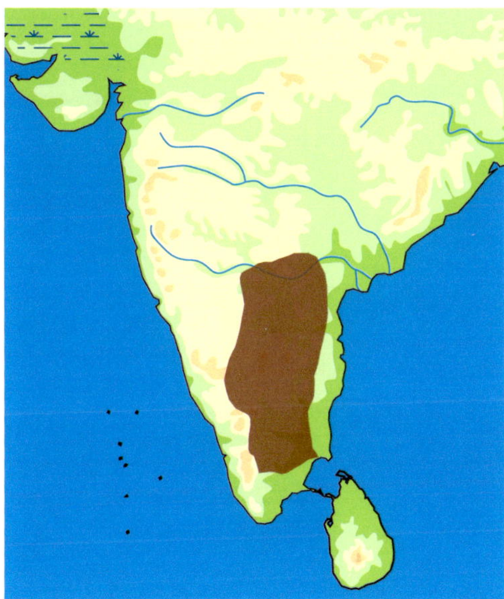

Abb. 166 Verbreitungskarte von *P. formosa*.

Lebensraum

Das Verbreitungsgebiet von *Poecilotheria formosa* erstreckt sich in einem breiten Gürtel über die Trockenwaldgebiete des südlichen Indiens. Vom Lee der Western Ghats dehnt es sich über die Hügelregionen des Deccanplateaus bis fast an die Ostküste des Landes aus. In der flachen Südspitze Indiens wird *Poecilotheria formosa* schließlich von der Tieflandart *P. hanumavilasumica* abgelöst. Die Nordgrenze ihres Verbreitungsgebiets ist nicht exakt bekannt, dürfte sich aber vermutlich im Norden des Staates Andhra Pradesh befinden.

Die dominierende Waldform im Lebensraum von *P. formosa* ist laubabwerfender Trockenwald, hin und wieder nehmen auch Dornwaldareale Einfluss auf das Landschaftsbild. Das Klima hier ist typisch tropisch und trockenheiß. Regen fällt vorwiegend im Südwestmonsun, während Niederschläge im Rest des Jahres nur sporadisch auftreten. Die Temperaturen variieren von bis zu 50°C im Prämonsun, über gut 30°C im Sommer bis hin zu knapp über 20°C im Winter. Es herrscht im Jahresverlauf somit eine erhebliche Variabilität von Temperatur und Luftfeuchtigkeit.

Lebensweise

Poecilotheria formosa bewohnt sehr ähnliche Habitate wie *P. metallica*. Mitunter finden sich diese beiden Arten sogar sympatrisch zusammen mit *P. regalis*. Im Prinzip unterscheidet sich die Lebensweise von *P. formosa* auch nicht sonderlich von der von *P. metallica*. Die Tiere scheinen nur nicht auf derartige Höhen angewiesen zu sein. So lassen sich *P. formosa* auch schon unterhalb der 500 Meter-Marke entdecken, wohingegen *P. metallica* bisher dort nicht nachgewiesen werden konnte.

Zum Fortpflanzungsverhalten von *P. formosa* in der Natur ist uns bisher nichts bekannt. Es ist jedoch anzunehmen, dass es einer ähnlichen Jahresrhythmik unterliegt wie der Reproduktionszyklus von *P. metallica* und anderen Arten aus typisch tropischen Gebieten. Demnach würde die Paarungszeit in den Südwest-Monsun fallen und der Kokonbau in den Winter. Im folgenden Prämonsun würden die Jungspinnen dann das Nymphenstadium erreichen und im Monsun ihre Mutter verlassen.

Abb. 167 Lebensraum von *P. formosa*, ein südwestindischer Trockenwald während der Trockenzeit.

Haltung und Zucht im Terrarium

Poecilotheria formosa scheint über ein recht starkes Gift zu verfügen. Schon der Biss juveniler Tiere mit nur etwa 4 cm Körperlänge genügt, um innerhalb kürzester Zeit eine junge Maus zu töten. Zudem sind die flinken Spinnen nicht selten ausgesprochen aggressiv und sollten daher immer mit besonderer Vorsicht „genossen" werden.

Die Haltung und Nachzucht von *Poecilotheria formosa* sollte unter den gleichen Bedingungen wie die von *P. metallica* erfolgen. Wie auch bei *P. metallica*, kommt es bei Verpaarungen von *P. formosa* nur sehr selten zu Kannibalismus. Lediglich einige Male war es möglich zu beobachten, wie ein Männchen vom offenbar nicht paarungsbereiten Weibchen getötet und anschließend verspeist wurde. Interessant daran war die Vorgehensweise des Weibchens, die möglicherweise dazu diente, sich vor Verletzungen durch das sehr große Männchen zu schützen. *Poecilotheria*-Weibchen, die ein erheblich kleineres Männchen erbeuten, packen dieses meist einfach mit den Chelizeren und beginnen unmittelbar damit, es zu verzehren. Das *P. formosa*-Weibchen hingegen näherte sich zunächst langsam dem balzenden Männchen, welches nur unerheblich kleiner war als es selber. Nachdem es ihn erreicht hatte, biss es ihn blitzschnell ins Bein und verschwand wieder in seinem Unterschlupf. Dem aufgeschreckten Männchen gelang es daraufhin nur noch wenige Zentimeter zu flüchten, bis es bewegungsunfähig auf den Boden fiel. Offensichtlich verfehlt das Gift auch bei Artgenossen nicht seine Wirkung.

Kurze Zeit später kam dann das Weibchen wieder aus seinem Schlupfwinkel hervor und näherte sich dem offenbar gelähmten oder vielleicht sogar bereits toten Männchen. Nachdem es ihn erreicht hatte, trug es ihn in seine Höhle, um ihn dort zu fressen.

Durch sein vorsichtiges Verhalten schaffte es das Weibchen, das vermutlich gleichstarke Männchen zu überwältigen, ohne sich einem sonderlich großen Verletzungsrisiko auszusetzen. Hätte es sich hingegen auf einen Kampf mit dem

Abb. 168 Ein *Poecilotheria formosa*-Weibchen bewacht seinen Kokon. Es ist nicht einfach, diese Art zum Kokonbau zu bewegen.

Männchen eingelassen, wären eine Verwundung oder sogar der Tod durchaus möglich gewesen.

Gelingt die Verpaarung von *Poecilotheria formosa* und wird im Anschluss ein geeignetes Terrarienklima erzeugt (siehe *P. metallica*), kann man mit etwas Glück auf den Bau eines Kokons hoffen. Aus diesem gehen meist etwa 100 Jungspinnen hervor. Beginnen sie nach der Häutung in das zweite Larvenstadium, ihre Geschwister zu verspeisen, sollten sie bis zum Erreichen des Nymphenstadiums vereinzelt werden. Haben sie aber erst einmal das Nymphenstadium erreicht, eignen sich junge *P. formosa* (im Gegensatz zu *P. metallica*) relativ gut für eine Gruppenhaltung. Wie bereits unter „Sozialverhalten" dargestellt, wäre es aber eher unnatürlich, sie allzu lange zu vergesellschaften. Nach etwa sechs Monaten sollten Gruppen von *P. formosa*-Nymphen besser getrennt werden. Erfahrungsgemäß kann es sonst zu nicht unerheblichen Ausfällen durch Kannibalismus kommen. Zuletzt sei hier noch eine Beobachtung angeführt, die helfen mag, eine geeignete Aufzuchttemperatur für junge *Poecilotheria formosa* zu finden. Im Kapitel „Sozialverhalten" wurde von einem Wurf entlaufener *P. formosa*-Nymphen berichtet, die sich im Terrarienzimmer niedergelassen haben. Interessanterweise hielten sich die entlaufenen Tiere fast alle im oberen Drittel des etwa 2,5 m hohen Zimmers auf. Hier beträgt die Temperatur gut 30°C. In den unteren kühleren Bereichen waren die Tiere fast nie zu finden. Ein Teil der Spinnen versteckte sich tagsüber sogar unter einer an der Wand verschraubten Lampe unterhalb der Temperaturen von über 30°C zu messen sind. Bei *P. formosa* scheint es sich also um eine sehr wärmeliebende Vogelspinnenart zu handeln. Diese Vorliebe lässt sich sehr gut mit den klimatischen Bedingungen im natürlichen Lebensraum von *P. formosa* vereinbaren. Selbst mit Temperaturen über 30°C kommen die Tiere gut zurecht. Für diese Aussage gilt es jedoch eine Einschränkung zu machen. Im erwähnten Terrarienzimmer ist die Luftfeuchtigkeit sehr hoch (um 80% RLF im Sommer). Wäre es heiß und trocken, würden die Spinnen sich nicht nur unwohl fühlen, sondern bei fehlender Wasserversorgung innerhalb kurzer Zeit sterben.

Herkunft	*Südindien*
Terrariengröße	*20 x 20 x 30 cm*
Bedrohungsituation	*Nicht bedroht*
Zucht	*Schwierig*
Von der Art bewohnte Klimazone	*Trockenes und warmes typisch tropisches Klima*
Von der Art bewohnter Waldtyp	*Laubabwerfender Trockenwald*
Für Anfänger geeignete Art	*Ja*
Terrarienklima	*28 °C bei ca. 70% rLf*
Höhenlage	*Tiefland*
Erhältlichkeit im Zoohandel	*Oft erhältlich*
Etymologie	*formosa = wohlgestaltet*
Synonyme	-
Lokale Namen	*Nicht bekannt*
Eignung der Art zur Gruppenhaltung	*In den ersten sechs Lebensmonaten eigenen sich die Tiere recht gut für eine Vergesellschaftung, später kommt es häufiger zu Kannibalismus.*

Tabelle 6: Steckbrief *Poecilotheria formosa*

Insgesamt ist *Poecilotheria formosa* ein pflegeleichter und dankbarer Terrarienbewohner. Die Tiere sind auch durchaus für Anfänger geeignet. Lediglich ihre schwierige Nachzucht und oftmals unspektakuläre Färbung nehmen dieser Vogelspinne ein wenig von ihrem Reiz.

Poecilotheria hanumavilasumica SMITH, 2004

Einleitung

Bereits im Jahr 1885 berichtete der französische Arachnologe Eugene SIMON von einem *Poecilotheria fasciata*-Fund nahe der südindischen Stadt Madurai. Der Brite R.I. POCOCK vermutete 1899, dass es sich bei dem von SIMON erwähnten Tier um *P. regalis*, oder *P. formosa* handeln könnte. ANNANDALE stellte das Tier sogar zu *Poecilotheria striata* im Jahr 1907 und GRAVELY folgte ihm 1915. PHILIP CHARPENTIER hatte 1993 Tiere gefunden und 1996 im Exothermae-Heft die Beschreibung auf *P. hillyardi* angekündigt (SMITH 2004, CHARPENTIER 1997). Erst über 100 Jahre später gelang es POCOCKS Landsmann A. SMTH, das Geheimnis um die vermeintlich indische *P. fasciata* zu lüften. Er identifizierte die von ihm nahe Madurai entdeckten Vogelspinnen als neue Art, die er 2004 als *Poecilotheria hanumavilasumica* beschrieb. Das Artepitheton wählte er in Anlehnung an einen außergewöhnlichen Fundort der neuen Art: die Hanumavilasum-Tempel-Plantage, eine alte Tamrindenpflanzung mit weit überdurchschnittlichem Vogelspinnenbestand.

Habitus und Systematik

Poecilotheria hanumavilasumica gleicht *P. fasciata* fast bis ins kleinste Detail. Beide Arten lassen sich lediglich anhand des schwarzen Streifens unter den Femuren des vierten Beinpaares unterscheiden. Dieser ist bei *P. hanumavilsumica* durchgehend schwarz, bei *P. fasciata* durch einen kleinen weißen Fleck unterbrochen. Weitere, nennenswerte, morphologische Unterschiede zwischen beiden Arten gibt es nicht.

Abb. 169 Adultes *P. hanumavilasumica*-Weibchen an einem Tamarindenbaum.

In diesem Zusammenhang ist es interessant, dass die Verbreitungsgebiete von *P. fasicata* und *P. hanumavilasumica* sich beinahe unmittelbar aneinander anschließen. Beide werden lediglich durch eine schmale Meeresstraße zwischen Indien und Sri Lanka unterbrochen. Bis ins Pleistozän, also bis vor etwa 10.000 Jahren, bestanden immer wieder Landbrücken zwischen den Lebensräumen beider Arten. Es ist daher anzunehmen, dass über diese Landbrücken auch ein Genfluß zwischen den Populationen Indiens und Sri Lankas stattgefunden hat. Eine vollständige Unterbrechung des Genflusses zwischen beiden heutigen Spezies hat somit erst vor gut 10.000 Jahren stattgefunden. Das mag auf den ersten Blick eine sehr lange Zeitspanne sein, aus evolutionärer Sicht ist dies aber nur ein sehr kurzer Zeitraum und muss nicht ausreichen, um neue Arten entstehen zu lassen. Vor diesem Hintergrund stellt sich die Frage, ob Unterschiede wie ein schwarzer Streifen unter dem Bein tatsächlich genügen, um Artstatus für *P. hanumavilasumica* zu rechtfertigen. Nach unserer Ansicht wäre es angebrachter, *P. hanumavilasumica* als Farbvariante von *P. fasciata* zu betrachten.

Außer *Poecilotheria fasciata* sieht *P. hanumavilasumica* auch noch den Arten *P. striata* und *P. regalis* sehr ähnlich. Von ihnen lässt sie sich durch die wesentlich schmaleren schwarzen Streifen unter den Beinen unterscheiden. Bei *P. striata* und *P. regalis* nehmen diese etwa die Hälfte des Femurs ein, bei *P. hanumavilasumica* nur knapp ein Viertel. *P. hanumavilasumica* fehlt außerdem das für *P. regalis* typische, beige Querband auf der Unterseite des Hinterleibs. Auch hier legt die große Ähnlichkeit eine enge Verwandtschaft zwischen den Arten nahe. Ihrer Merkmalzusammensetzung entsprechend dürfte *P. hanumavilasumica* eine Übergangsform zwischen der südwestindischen Art *P. striata* und *P. fasciata* aus Nord-Sri Lanka bilden. Aufgrund der geographischen Nähe ihrer Verbreitungsgebiete, ihrer fast völlig identischen Morphologie, sowie sehr ähnlicher ökologischer Ansprüche dürften aber *P. hanumavilasumica* und *P. fasciata* die am nächsten miteinander verwandten Arten sein.

Abb. 170+171 Juvenile Weibchen von *P. hanumavilasumica* in ihrem südostindischen Lebensraum. Wie bei der nah verwandten *P. fasciata* lassen sich *P. hanumavilasumica*-Weibchen schon sehr früh anhand des weißlich grauen Foliums von Männchen unterscheiden. Dieses ist bei männlichen Tieren braun.

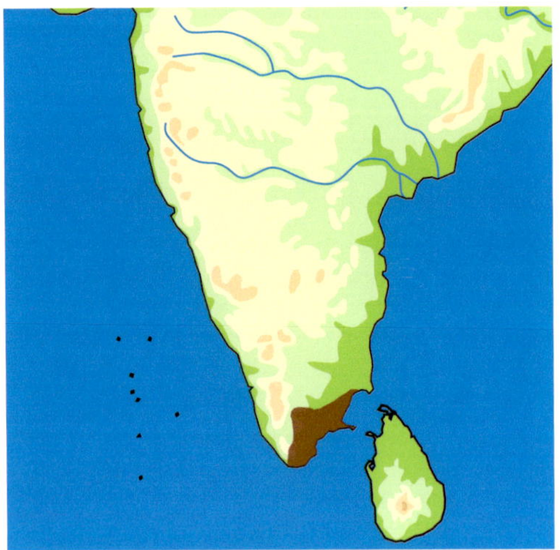

Abb. 172 Verbreitungskarte von *P. hanumavilasumica*

Lebensraum

Heimat von *Poecilotheria hanumavilasumica* ist der äußerste Südosten von Indien. In dieser sehr trockenen Tieflandregion dominieren Dornwälder die Vegetation. Das Klima ist tropisch invertiert und vergleichbar mit dem im Lebensraum von *P. fasciata*. Mit kaum mehr als 900 mm jährlichen Niederschlags bleibt es aber insgesamt noch etwas trockener. Zudem lässt sich bereits deutlich zwischen einer kalten und warmen Jahreszeit unterscheiden.

Lebensweise

Neben natürlichen Dornwäldern besiedelt *Poecilotheria hanumavilasumica* als erfolgreicher Kulturfolger oftmals auch Kokos- und Tamarindenplantagen. Insbesondere letztere mit ihren alten knorrigen Bäumen bieten den Spinnen geradezu ideale Lebensbedingungen. Und so finden sich hier oft ungewöhnlich hohe Bestände der Tiere, mitunter sogar in unmittelbarer Nachbarschaft zu menschlichen Wohnsiedlungen.

Erstaunlich ist aber nicht nur ihre hohe Bestandsdichte sondern auch ihre Wahl des Unterschlupfes. Während die meisten *Poecilotheria*-Arten fast ausschließlich Baumhöhlen bewohnen, begnügen sich *P. hanumavilasumica* in den Tamarindenplantagen mit Rindenspalten und selbstgesponnenen Wohnröhren. Vom Eingang ihrer Verstecke aus erbeuten die Spinnen dann jedes Tier, welches sie überwältigen können.

Fortpflanzung

Das Fortpflanzungsverhalten von *P. hanumavilasumica* ist noch weitgehend unbekannt. Es dürfte jedoch einem ähnlichen Rhythmus unterliegen, wie er schon für *P. fasciata* dargestellt wurde. Die Paarungszeit würde also in den Spätherbst bis

Abb. 173 Tamarindenpflanzung in Südindien, Lebensraum einer sehr individuenstarken *P. hanumavilasumica*-Kolonie. Allein an dem im Vordergrund abgebildeten Baum, fanden sich die Versteckplätze von sechs *P. hanumavilasumica*.

Abb. 174 Typisches Landschaftsbild in Südindien. Wälder, die gerodet und durch Plantagen und Viehweiden ersetzt wurden.

Winter fallen, worauf im Frühjahr die Eiablage stattfände.

Bedrohungssituation

Im Großteil ihres Verbreitungsgebietes scheint *P. hanumavilasumica* sehr selten geworden zu sein. Laut SMITH (2004a) sollen die Tiere ursprünglich ein bis an den Ostrand der Western Ghats und nördlich der Stadt Madurai reichendes Gebiet bewohnt haben. Weite Teile dieses Areals sind heute entwaldet und nicht mehr als *Poecilotheria*-Lebensraum tauglich. Vor diesem Hintergrund müsste der Fortbestand von *Poecilotheria hanumavilasumica* in der Natur eigentlich als ernsthaft gefährdet eingestuft werden. Glücklicherweise haben die Tiere aber ein Rückzugsgebiet im Umkreis der küstennahen Orte im äußersten Südosten Indiens gefunden. Zwar sind auch hier naturbelassene Dornwälder sehr selten geworden, jedoch wird in dieser Gegend intensiv Plantagenwirtschaft betrieben. Und insbesondere die zahlreichen Pflanzungen des Tamrindenbaumes (Tamarindus indica) bieten *Poecilotheria hanumavilasumica* ideale Lebensbedingungen. So sind Plantagen mit vielen hundert Tieren keine Seltenheit. Auch wenn das Verbreitungsgebiet von *P. hanumavilasumica* nicht mehr allzu groß ist, beherbergt es trotzdem einen ausgesprochen guten Bestand dieser Art. Und weil die Plantagenwirtschaft einen wichtigen Wirtschaftszweig im Südosten Indiens darstellt, ist damit zu rechnen, dass der Bestand in Zukunft keinen großen Schwankungen unterworfen wird. Ihre Anpassungsfähigkeit sichert *P. hanumavilasumica* also das Überleben in einer vom Menschen geformten Umwelt.

In der Vergangenheit wurden übrigens umfassende, leider erfolglose, Anstrengungen unternommen, um eine alte von zahllosen *Poecilotheria hanumavilasumica* besiedelte Tamarindenplantage zum offiziellen *Poecilotheria*-Schutzgebiet zu erklären (SMITH 2004 a+b).

Poecilotheria hanumavilasumica und der Mensch

Poecilotheria hanumavilasumica lebt oft sehr nahe an menschlichen Niederlassungen und wird hier offensichtlich von der Bevölkerung toleriert. Mancherorts werden die Tiere sogar als Nützlinge geschätzt. Sie ernähren sich nämlich von einer gefürchteten Raupe, die an Tamrindenbäumen lebt und deren Haare bei Hautkontakt unangenehme Reizungen verursachen.
Obwohl man die Spinnen vielerorts für recht giftig hält, haben nur sehr wenige ihrer menschlichen Nachbarn Angst vor ihnen. Und so geht vom Menschen kaum Gefahr für *P. hanumavila-*

sumica aus. Ein älterer Mann teilte sich sogar die Kokospalme, an der er sich morgens rasierte und die Zähne putzte, mit einem ausgewachsenen *Poecilotheria*-Weibchen. Nur etwa einen Meter oberhalb seines Zahnputzbechers, den er mit einer Drahtschlinge am Palmstamm befestigt hatte, befand sich die Höhle des Tieres.

Möglicherweise nahm mit der Ablehnung durch den Menschen auch die Scheu der Tiere vor diesem ab. Es ist geradezu erstaunlich, mit welcher Ruhe diese Spinnen auf Störungen reagieren. Für gewöhnlich ergreift eine *Poecilotheria* schon bei der kleinsten Erschütterung die Flucht und zieht sich tief in ihren Unterschlupf zurück. Viele der *P. hanumavilasumica,* die wir nahe menschlichen Besiedlungen finden konnten, hatten aber offenbar jegliche Scheu verloren. Selbst durch direkten Kontakt, oder das Anleuchten aus nächster Nähe, ließen sie sich kaum dazu bewegen, ihre Position zu wechseln.

Vielleicht wirken sich nicht nur die ausbleibende Verfolgung durch den Menschen sondern auch fehlende Fressfeinde auf das Fluchtverhalten der Tiere aus. Denn auf kommerziellen Plantagen kommt ein Gutteil der natürlichen Feinde einer *Poecilotheria* nicht vor.

Haltung und Zucht im Terrarium

Poecilotheria hanumavilasumica ist ein recht unkomplizierter Terrarienpflegling und relativ einfach zu vermehren. Im Prinzip können die Spinnen unter sehr ähnlichen Bedingungen wie *P. fasciata* gehalten und nachgezogen werden. Lediglich die Luftfeuchtigkeit sollte, in Anbetracht des sehr trockenen Lebensraumes der Tiere, etwas niedriger gewählt werden. Aufgrund der hohen Toleranz, welche *P. hanumavilasumica* ihren Artgenossen in der Natur entgegenbringen, könnte angenommen werden, dass sie sich gut für eine Gruppenhaltung eignen. Jedoch muss erst noch herausgefunden werden, inwieweit die Toleranz der Spinnen in den beengten Verhältnissen der Terrarienhaltung erhalten bleibt.

Herkunft	*Südost Indien*
Terrariengröße	*20 x 30 x 40 cm*
Bedrohungsituation	*Nicht bedroht*
Zucht	*Einfach*
Von der Art bewohnte Klimazone	*Tropisch invertiertes und bixerisches Klima, trocken und warm*
Von der Art bewohnter Waldtyp	*Dornwald*
Für Anfänger geeignete Art	*Ja*
Terrarienklima	*28 °C bei ca. 70% rLf*
Höhenlage	*Tiefland*
Erhältlichkeit im Zoohandel	*Sehr selten erhältlich*
Etymologie	*Nach dem Fundort: Hanumavilasum Tempel Plantage*
Synonyme	*Keine echten Synonyme, aber P. hillyardi* CHARPENTIER *1996 und P. kirki* SMITH *2003 waren geplante Namen und schon im Umlauf*
Lokale Namen	*Vilvam pujhe*
Eignung der Art zur Gruppenhaltung	*Bisher liegen kaum Erfahrungen vor, die Art dürfte aber ähnlich gut geeignet sein, wie P. fasciata*

Tabelle 7: Steckbrief *Poecilotheria hanumavilasumica*

Zudem muss bedacht werden, dass sich Verstecke der Spinnen zwar oft sehr nah aneinander befinden, aber nie ein Unterschlupf geteilt wird. Möchte man also eine Gruppenhaltung riskieren, muss auf ausreichende Versteckmöglichkeiten geachtet werden.

Poecilotheria metallica POCOCK, 1899

Einleitung

Poecilotheria metallica wurde Ende des 19. Jahrhunderts im Bungalow eines Ingenieurs der Western Railway im südindischen Gooty entdeckt (POCOCK 1899, SMITH 1986). Der Fundort des Tieres lag in unmittelbarer Nähe einer Eisenbahnlinie. Daher ist fraglich, ob die Spinne tatsächlich aus Gooty stammte oder mit Feuerholz an diesen Ort verschleppt wurde. Heute gibt es im weitgehend entwaldeten Umkreis von Gooty keinerlei Hinweise mehr auf eine *Poecilotheria*-Art. Und so galt es bis vor einiger Zeit auch als ungewiss, ob *P. metallica* überhaupt noch in der Natur überlebt hat. Diese Ungewissheit wurde aber vor wenigen Jahren ausgeräumt, als der englische Arachnologe ANDREW SMITH zusammen mit dem Kanadier RICK WEST einen neuen *P. metallica*-Fundort entdeckte. Das erste veröffentlichte Bild der wieder entdeckten Spinnenart zeigte ein strahlend blaues, juveniles Exemplar. Eine derart spektakulär gefärbte *Poecilotheria* hatte es in der Terraristik bis dahin nicht gegeben. Und in der Folge setzte eine Welle der wildesten Spekulationen über die Echtheit des veröffentlichten Fotos ein. Dem wurde schlagartig ein Ende gesetzt, als die Haut einer adulten *Poecilotheria metallica* auf einer Terrarienbörse ausgestellt wurde. Als schließlich die ersten *P. metallica* in den Handel gelangten, löste das einen regelrechten Ansturm auf die Gattung *Poecilotheria* aus. Noch heute hat *P. metallica* den Status der bei Terrarianern wohl begehrtesten Vertreterin ihrer Gattung.

Abb. 175 *Poecilotheria metallica*, adultes Männchen.

Habitus und Systematik

Als einer der wenigen Vertreter ihrer Gattung ist *Poecilotheria metallica* in ihrer indischen Heimat nicht als Tigerspinne bekannt. Die Tiere werden von den Menschen schlicht und einfach "Ägul Purgo" (= „blaue Spinne“) genannt.

Dieser Name ist auf ihre sehr auffällige blaumetallische Färbung zurückzuführen. Ein Charakteristikum, welches diese Spinnen einzigartig innerhalb ihrer Gattung macht und sich auch in ihrem wissenschaftlichen Artnamen niederschlägt, der übersetzt die „metallische“ bedeutet. Die außergewöhnliche Färbung betrifft sowohl Weibchen als auch Männchen.

Weibliche *P. metallica* bleiben mit 5-6 cm Körperlänge im Vergleich zu anderen *Poecilotheria*-Arten verhältnismäßig klein. Männchen dagegen erreichen gut 4,5 cm und zählen so zu den größten ihrer Gattung. Einzigartig ist dabei die sehr ähnliche Dorsalzeichnung und -färbung, die Männchen und Weibchen aufweisen. *Poecilotheria*

Abb. 176+177 *Poecilotheria metallica*, adultes Weibchen (links), hellblaue Variante und adultes Männchen (rechts). Adulte Männchen und Weibchen dieser Poecilotheria-Art sehen sich sehr ähnlich. *P. metallica* stellt damit die einzige Ausnahme vom sonst sehr auffälligen Sexualdimorphismus bei *Poecilotheria* dar.

metallica ist damit die einzige Ausnahme vom sonst so augenfälligen Sexualdichromatismus bei *Poecilotheria*. Die dorsale Grundfärbung variiert von Tier zu Tier über schwarz, dunkelbraun und manchmal auch grau. Auf dem Opisthosoma tragen die Spinnen ein weißes oder gelbes Folium, das mittig durch eine braune Linie unterbrochen wird. Insbesondere bei adulten Weibchen ist diese Linie oftmals fragmentiert oder bis auf wenige dunkle Punkte reduziert. Das Dorsalschild trägt zwei schwarze Längslinien, die sich zum Rand des Prosomas in einem dunklen Grau verlaufen. Zwischen diesen beiden Linien

Abb. 178 Subadultes Männchen von *P. metallica*.

ist der Dorsalschild weiß. Die überwiegend dunklen Laufbeine tragen weiße Flecken auf den Patellen und Femuren, sowie mehrere gelbe Punkte auf den Tibien. Die Chelizerengrundglieder sind oberseits grau und von vorne betrachtet schwarz.

Die braune, graue oder schwarze Grundfärbung der Tiere wird meist mehr oder weniger stark von intensivem metallisch blauem Glanz überdeckt. Dabei kann der Farbton von hellem bis hin zu tief dunklem Blau variieren. Insbesondere bei frisch gehäuteten und/oder juvenilen Tieren ist der Blauschimmer besonders stark ausgeprägt. Hier überzieht er die Laufbeine, Taster, Chelizeren, Spinnwarzen und sogar das Pro- und Opisthosoma. Bei älteren Tieren und vor allem kurz vor einer Häutung reduziert sich der blaue Glanz nicht selten auf die Beine und Taster. Zudem wirkt er dann weit weniger intensiv.

Einige Tiere zeigen bereits im Juvenilstadium eine wenig ausgeprägte Blaufärbung. Sie erscheinen dann meist grau, manchmal auch schwarz metallisch.

Ventral ist das Opisthosoma dunkelbraun, das Prosoma sowie Laufbeine und Taster hingegen sind weitgehend schwarz. Lediglich an der Basis der Tibien verfügen die Beine über einen kleinen gelben Fleck. Bei *Poecilotheria metallica* handelt es sich um die einzige *Poecilotheria*-Art, die auch auf der Unterseite der Hinterbeine über gelbe Zeichnungsmuster verfügen kann. Ihre Hinterbeine müssen jedoch nicht zwingend gelb gefleckt sein. Einige Exemplare zeigen hier auch weiße Flecken.

Unter den Femuren, und oftmals unter den Patellen und Tibien, wird die schwarze Grundfarbe von metallischem Blau abgelöst. Warum aber tragen *P. metallica* diese so auffällige Färbung? Am nächstliegenden ist es wohl, die auffälligen blauen Farbmuster als Warnzeichnung zu interpretieren. Die Warnfunktion dürfte aber vorwiegend auf die hellen Stunden des Tages beschränkt sein. Je intensiver nämlich das Licht ist, mit dem eine *Poecilotheria metallica* bestrahlt wird, desto besser kommt auch ihre blaue Farbe zur Geltung. Sollten die Tiere also während des Tages von Feinden aufgespürt werden, dürfte der Anblick ihrer blauen Dorsalseite genügen, um Angreifer in die Flucht zu schlagen. Zudem ist es durchaus denkbar, dass ihre blaumetallische Dorsaltracht den Tieren als Sonnenreflektor dient. Insbesondere für Männchen, die gelegentlich auch tagsüber außerhalb ihres Versteckes

Abb. 179+180 Intensiv blaues juveniles Tier (unten) und Nymphe im zweiten Stadium (oben) von *P. metallica.* Erst ab dem dritten Nymphenstadium lassen sich erste Andeutungen der intensiv blauen Färbung erkennen. Vorher sind *P. metallica* Nymphen unscheinbar braun gefärbt.

Abb. 181 Weibchen von *Poecilotheria metallica* im Terrarium.

unterwegs sind, könnte diese Funktion von Nutzen sein. Durch die Reflexion des Sonnenlichtes an ihrem metallisch blauen Farbkleid nimmt der Spinnenkörper nur einen geringen Teil der mitunter recht intensiven Sonneneinstrahlung auf. An sehr sonnigen Tagen könnte das die Tiere vor einer Überhitzung schützen.
P. metallica sind übrigens nicht zwangsläufig strahlend blau. Junge Nymphen sind im ersten Stadium noch unscheinbar dunkelbraun gefärbt. Mit dem Erreichen des dritten Nymphenstadiums zeigen sie erste Andeutungen ihrer späteren blauen Farbe.

Bisher ist sehr wenig zur Stammesgeschichte der Gattung *Poecilotheria* bekannt. Inwieweit einzelne Arten untereinander verwandt sind, kann meist nur gemutmaßt werden.

Bei *Poecilotheria metallica* lässt sich zumindest annehmen, dass sie sich verwandtschaftlich bereits sehr weit von anderen *Poecilotheria*-Arten entfernt hat. Weibchen verfügen über eine für *Poecilotheria* sehr untypische, zweigeteilte Spermathek, und die Männchen tragen eher ungewöhnlich strukturierte Bulbi. Aber auch der fehlende Sexualdichromatismus und die sehr untypische Färbung heben *P. metallica* deutlich von anderen *Poecilotheria*-Arten ab. Ähnlichkeiten mit anderen *Poecilotheria*-Arten zeigt *P. metallica* nicht allzu viele. Nennenswert sind die auffälligen gelben Ventralmuster der Vorderbeine. Die wohl auffälligste Gemeinsamkeit, die *P. metallica* mit einigen anderen Arten ihrer Gattung verbindet, ist das zweite Larvenstadium. Neben *P. metallica* zeigen lediglich *P. formosa, P. tigrinawesseli* und *P. miranda* diese Entwicklungsphase. Dieser Umstand spricht für die verhältnismäßig nahe Verwandtschaft der vier Arten. Der Aufbau der Bulbi sowie ihre ökologischen Ansprüche, legen eine nähere Verwandtschaft zu *P. formosa* als zu *P. miranda* und *P. tigrinawesseli* nahe.

Lebensraum

Poecilotheria metallica bewohnt die laubabwerfenden Trockenwälder Südostindiens in Höhen von etwa 500 bis 1000 m. Möglicherweise genügen aber auch Dornwälder den Ansprüchen der Tiere.

Ihre vom typisch tropischen Klima geprägten Lebensräume erfahren im Jahresverlauf erhebliche Klimaschwankungen. Lediglich während des Südwestmonsuns herrschen angenehme Lebensbedingungen für die Tiere. Es ist während dieser Zeit zwar insgesamt recht warm, doch sorgen Regenfälle für eine hohe Luftfeuchtigkeit. Den Rest des Jahres dominieren dagegen Trockenheit und oftmals große Hitze. Besonders extrem ausgeprägt ist der Prämonsun. Zu dieser Jahreszeit können die mittäglichen Temperaturen an ungünstigen Standorten auf 50°C hochschnellen und Regenfälle bleiben praktisch aus. Durch verschiedene Anpassungen gelingt es *Poecilotheria metallica* jedoch, dem widrigen Klima der Trockenzeit zu entgehen (siehe Kapitel “Das Mikroklima im Unterschlupf und die Klimapräferenz von *Poecilotheria* spp.”). Mit Temperaturen um 25°C bringt der Winter schließlich eine deutliche Abkühlung mit sich, ist aber ebenfalls ausgesprochen trocken. Insgesamt baut sich im Jahresverlauf also ein erheblicher Temperatur- und Feuchtigkeitsgradient auf. Und

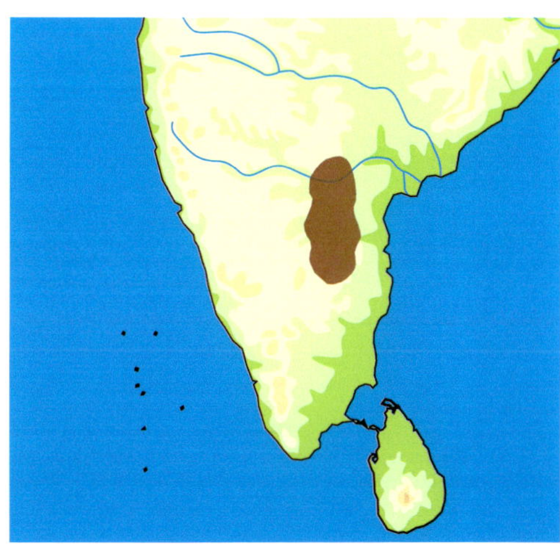

Abb. 182 Verbreitungskarte von *P. metallica*

Abb. 183 Adultes *P. metallica*-Weibchen am Boden seiner Wohnhöhle in Südostindien.

vermutlich ist das Fortpflanzungsverhalten von *P. metallica* eng an diesen Gradienten gekoppelt. Zur regelmäßigen Nachzucht dieser Tiere ist dem in der Terrarienhaltung Rechnung zu tragen. Die Bäume im Habitat von *P. metallica* sind weder sonderlich hoch noch haben sie einen großen Stammdurchmesser. Ein typischer Wohnbaum hat etwa 3 bis 10 m Höhe und dabei einen Durchmesser von vielleicht 15 bis 30 cm. Da sich ein Baum für gewöhnlich nach oben verjüngt, findet sich insbesondere im unteren Drittel des Stammes ausreichend Platz für die Wohnhöhlen der Spinnen. Demzufolge findet man *P. metallica*-Verstecke oft bereits knapp über dem Boden. Außerhalb der Regenzeit versehen die Spinnen ihr Versteck mit einem dichten Gespinstverschluss und verhindern so das Entweichen von Feuchtigkeit.

Lebensweise

Poecilotheria metallica tritt in ihrem Lebensraum, den sie sich mit *P. formosa* und *P. regalis* teilt, in eher geringen Populationsdichten auf. Nur junge Nymphen finden sich noch gehäuft um die Verstecke ihrer Mutter. Ältere Tiere sind meist nur alle 100 m anzutreffen. Wie alle anderen *Poecilotheria*-Arten auch, ist *P. metallica* ein vorwiegend nachtaktiver Räuber. Lediglich während des Südwestmonsuns und kurz vor Ende der Trockenzeit konnten junge Nymphen und adulte Männchen auch tagsüber beobachtet werden.

Das Beutespektrum von *P. metallica* dürfte sich insbesondere aus baumbewohnenden Insekten und kleinen Reptilien zusammensetzen. Dabei treten viele Beutetiere gehäuft in der Regenzeit auf. Während der langen Trockenzeit muss *P. metallica* mit sehr wenig Nahrung auskommen.

Wenn schon einzelne Spinnen nur spärliche Nahrungsreserven vorfinden, dann wird es kaum mehreren Tieren möglich sein zusammenzuleben. Vermutlich zeigt *P. metallica* deswegen kaum soziale Interaktionen. Ab dem zweiten Nymphenstadium leben die Tiere ausnahmslos solitär. Interessanterweise verläuft aber die Paarung meist ausgesprochen friedlich. *P. metallica*-Weibchen sind jedoch nur unwesentlich kräftiger gebaut als Männchen. Daher läuft das Weibchen womöglich Gefahr, bei aggressivem Verhalten gegenüber seinem Partner selber verletzt zu werden.

Fortpflanzung

Am Anfang des Südwest-Monsuns häuten sich einerseits viele Weibchen, andererseits vollziehen aber auch viele Männchen ihre Reifehäutung.

Demzufolge verpaaren sich *P. metallica* während der Regenzeit. Die verpaarten Weibchen bauen aber erst im Winter, also der Trockenzeit, ihre Kokons. Etwa im Februar schlüpfen ca. 100-150 Larven aus dem Kokon, die sich alsbald in das charakteristische zweite Larvenstadium häuten. Nun entwickeln die Tiere kannibalistisches Verhalten und ihre Anzahl reduziert sich oftmals um einen nicht unerheblichen Prozentsatz.

Schließlich wird das Nymphenstadium im Prämonsun (April/Mai) erreicht, aber erst zum Beginn des folgenden Monsuns (Juni/Juli) verlassen die Jungspinnen ihre Mutter.

Durch diesen einjährigen Zyklus aus Paarung, Kokonbau und Schlupf der Jungtiere werden die Bedingungen des Lebensraumes von *P. metallica* optimal ausgenutzt. Während des verhältnismäßig kühlen Winters kann sich der Kokon entwickeln. Den heißen Prämonsun verbringen die Jungspinnen geschützt in der mütterlichen Höhle. Und kurz nach Erreichen des Nymphenstadiums finden sie im Monsun ausreichend Futter vor, um große Wachstumssprünge zu machen. Ein derartiger Vermehrungszyklus scheint typisch für die Gattung *Poecilotheria* zu sein und findet sich auch bei vielen anderen, wenn nicht sogar allen Arten.

Poecilotheria metallica und der Mensch

Trotz ihrer sehr auffälligen Farbgebung sind *P. metallica* nur wenigen Menschen in ihrem Lebensraum bekannt. Die Tiere leben sehr versteckt. Diejenigen, die sie kennen, stehen den Tieren jedoch ziemlich gleichgültig gegenüber. Man fürchtet sich weder vor dem Gift der Spinnen, noch zeigt man besonderes Interesse an ihnen. Das Sprichwort „leben und leben lassen" beschreibt die Situation wohl am besten.

Bedrohungssituation

Die derzeit größte Bedrohung für den Fortbestand von *P. metallica* stellt die fortschreitende Degradation der laubabwerfenden Trockenwälder Indiens dar. Abholzung und Überweidung führen vielerorts zur Versteppung dieses Ökosystems (Bronger, 1996). In den so geschaffenen Strauchsavannen kann auf lange Sicht keine noch so gut angepasste *Poecilotheria*-Art überleben. Gegenwärtig steht es jedoch um den Fortbestand der uns bekannten *P. metallica*-Lebensräume recht gut. Das Habitat wird von Wildhütern überwacht und auf diese Weise kann illegaler Holzeinschlag weitgehend unter Kontrolle gehalten werden. Allerdings sollte man sich vor Augen führen, dass sich die Situation von einem auf den anderen Tag völlig umkehren kann. Werden beispielsweise Bodenschätze entdeckt, dauert es meist nicht lange und naturbelassene Wälder müssen Minen und Straßen weichen.

Auch sollte man die Bedrohung, die durch kommerzielles Sammeln auf *P. metallica* lastet, nicht außer Acht lassen. Würden die Fundorte der Tiere öffentlich, ließe es sicher nicht lange auf sich warten, bis ein systematisches Ausplündern der natürlichen Populationen einsetzte.

Haltung und Zucht im Terrarium

Poecilotheria metallica ist eine relativ ruhige und friedliche Art. Dennoch ist immer Vorsicht im Umgang mit den Tieren geboten. Auch friedliche Tiere können unerwartet zubeißen. Zudem lässt sich bisher nicht abschätzen, wie stark die Giftwirkung dieser Tiere ist. Es gibt noch keinerlei dokumentierte Bissberichte. Daher lässt sich schwer beurteilen, ob ihr Gift vergleichbare Wirkung zeigt wie das anderer Arten.

Zur Haltung und Zucht von *P. metallica* genügen Terrarien von etwa 20 x 20 x 30 cm (L x B x H). Die Einrichtung der Becken sollte entsprechend dem bereits im vorherigen Kapitel beschriebenen Grundmuster erfolgen.

Wichtig ist, die Spinnen warm und nicht zu feucht unterzubringen. Temperaturen um 28°C, bei einer Luftfeuchtigkeit von etwa 70 %, stellen gute Ausgangsbedingungen dar. Eine Nachtabsenkung der Temperatur auf etwa 22-24°C ist durchaus empfehlenswert, für eine Nachzucht aber nicht erforderlich. Als Futter kann so gut wie jedes Insekt bis etwa zur Körpergröße der Spinne gereicht werden. Aber selbst nestjunge Mäuse werden von den Tieren nicht verschmäht.

Die Nachzucht von *P. metallica* ist nicht ganz einfach. Befolgt man aber einige Grundregeln, sollte sie durchaus gelingen. Das geringste Problem bereitet dabei die Paarung der Tiere. Dazu wird einfach das Männchen in das Terrarium des

Weibchens gesetzt und für einige Tage oder auch Wochen darin belassen. Sofern das Weibchen gut genährt ist, sind Fälle von Kannibalismus recht selten. Bei zahlreichen Paarungsversuchen konnten wir erst wenige Male beobachten, wie ein nicht paarungswilliges Weibchen versuchte, das Männchen zu erbeuten. Für gewöhnlich leben beide Partner aber zusammen, ohne dass Anzeichen von Aggression auftreten. Wir konnten sogar schon erleben, wie Männchen nach monatelangem Verbleib im Terrarium des Weibchens an Altersschwäche verstorben sind. Derartig friedliches Verhalten zwischen beiden Geschlechtspartnern ist innerhalb der Gattung Poecilotheria nicht unbekannt. Aber bei fast jeder anderen Art tritt zumindest hin und wieder Kannibalismus am Männchen auf.

Die Möglichkeit, beide Partner lange Zeit zu vergesellschaften ist bei *P. metallica* ein großer Glücksfall. Oftmals brauchen die Tiere nämlich ausgesprochen lange, bis sie mit ihrem Balzritual beginnen. Durch die Langzeitvergesellschaftung spart man sich unnötige Stunden Wartezeit vor dem Terrarium.

In den auf die Paarung folgenden Wochen sollte das Weibchen möglichst gut gefüttert werden. Sobald das Tier keine Nahrung mehr zu sich nimmt und dick gefressen ist, beginnt man die Luftfeuchtigkeit und Temperatur im Becken zu senken. Die Temperaturen sollten auf etwa 20°C fallen, wobei der Bodengrund fast vollständig austrocknen darf. Lediglich eine kleine Ecke des Terrariums sollte noch befeuchtet werden. Etwa 10 Wochen nach Beginn dieser Winterruhe werden dann Temperatur und Luftfeuchtigkeit wieder angehoben. Meist löst dieser Klimawechsel das typische Verhalten vor einem Kokonbau aus. Die Spinne wechselt dabei über einige Wochen bis Monate von apathischen Phasen zu Perioden aktiver Grabe- und Spinntätigkeit. Kurz vor der Eiablage ist dann meist die gesamte Terrarieneinrichtung mit Gespinst überzogen. Im Anschluss an den Kokonbau ist die im Kapitel "Haltung und Zucht im Terrarium" bereits beschriebene Vorgehensweise zu empfehlen. Dabei ist zu beachten, dass *P. metallica*-Nymphen ab dem zweiten Stadium ziemlich unverträglich sind und von einer Vergesellschaftung der Tiere abgesehen werden sollte. Hierüber liegen jedoch unterschiedliche Erfahrungen vor (vgl. S. 76).

Zusammenfassend ist *Poecilotheria metallica* ein ziemlich anspruchsloser Terrarienpflegling. Selbst Anfänger sollten mit der Haltung dieser Tiere keine Probleme haben. Aufgrund ihrer wunderschönen Farbe ist die Nachfrage nach *P. metallica* jedoch sehr hoch und dadurch ihre Anschaffung noch relativ teuer.

Herkunft	*Südost-Indien, Andhra Pradesh*
Terrariengröße	*20 x 20 x 30 cm*
Bedrohungsituation	*Bedroht*
Zucht	*Schwierig*
Von der Art bewohnte Klimazone	*Warmes und trockenes typisch tropisches Klima*
Von der Art bewohnter Waldtyp	*Laubabwerfender Trockenwald*
Für Anfänger geeignete Art	*Ja*
Terrarienklima	*28 °C bei ca. 70% rLf*
Höhenlage	*500 - 1000 m*
Erhältlichkeit im Zoohandel	*Gelegentlich erhältlich*
Etymologie	*metallica = metallisch*
Synonyme	-
Lokale Namen	*Agul purgo*
Eignung der Art zur Gruppenhaltung	*Nicht zu empfehlen*

Tabelle 8: Steckbrief *Poecilotheria metallica*

Poecilotheria miranda POCOCK, 1900

Einleitung

Bei der 1900 beschriebenen *Poecilotheria miranda* handelt es sich um die letzte Art, die der britische Arachnologe REGINALD INES POCOCK der Gattung *Poecilotheria* hinzufügen konnte. Danach sollte es beinahe 100 Jahre dauern, bis im Jahre 1996 die nächste heute in der Terraristik vertretene *Poecilotheria*-Art beschrieben werden konnte.

Interessanterweise verdanken wir die Entdeckung fast aller seit POCOCK neu beschriebenen *Poecilotheria*-Arten (immerhin vier von fünf) Hobbyzüchtern. Zu POCOCKs Zeiten waren es dagegen Zufallsfunde, oder aber auch Ergebnisse langer Forschungsreisen, die zur Entdeckung neuer *Poecilotheria*-Arten führten. Dieser Umstand zeigt deutlich, wie wichtig heute interessierte Liebhaber für den Fortschritt eines wenig geförderten Wissenschaftszweiges wie der Biodiversitätsforschung sind.

Abb. 184 *P. miranda*, adultes Weibchen

Habitus und Systematik

Weibchen: Mit über 6 cm erreichen weibliche *Poecilotheria miranda* eine beachtliche Körperlänge. Sie sind kompakt gebaut und wirken recht kräftig. Darüber hinaus sind die Tiere aber auch sehr hübsch gezeichnet. Ihre Chelizerengrundglieder sind grau, und das Dorsalschild zeigt die *Poecilotheria*-typische schwarze Maskenzeichnung auf grau-weißem Untergrund. Dorsal ist das Opisthosoma vorwiegend schwarz und trägt ein weißes Folium mit einem deutlich ausgeprägten, dunklen Medialband. Ventral sind sowohl Pro- als auch Opisthosoma einheitlich schwarz. Die Laufbeine sind ober- wie unterseits kontrastreich schwarz-weiß gestreift. Das ventrale Streifenmuster sieht dem der Art *Poecilotheria smithi* sehr ähnlich. Durch ihre ventral komplett schwarzen Taster sowie ihre weißen Laufbeintibien lässt sich *Poecilotheria miranda* aber zweifelsfrei von *P. smithi* unterscheiden. Letztere besitzt weiße Zeichnungsmuster auf der Tasterunterseite sowie einen schwarzen Fleck an der Spitze der Patellen des ersten Laufbeinpaares.

Das wohl sicherste Unterscheidungsmerkmal beider Arten ist aber ihre Dorsalzeichnung. Während *P. smithi* Ähnlichkeit mit *P. fasciata* hat, ähnelt *P. miranda* eher den Arten *P. formosa* und *P. tigrinawesseli*.

Männchen: adulte *Poecilotheria miranda*-Männchen bleiben mit maximal 4 cm Körperlänge deutlich kleiner als die Weibchen.

Abb. 185+186+187 *P. miranda*, adultes Weibchen (oben), Männchen (links) und junge Nymphe (rechts).

Zudem sind sie weit weniger interessant gefärbt. Ihre Grundfarbe ist Grau oder Braun und die charakteristische dorsale Streifenzeichnung ist nur noch schwach angedeutet. Zumindest behalten sie die Maskenzeichnung des Dorsalschildes, sowie die Ventralzeichnung der Vorderbeine bei.
Nymphen: Junge Nymphen sind anfangs einheitlich grau. Bei *Poecilotheria miranda* sind Männchen und Weibchen schon mit etwa 3 cm Körperlänge recht gut anhand ihrer dimorphen Dorsalzeichnung unterscheidbar. Juvenile Männchen wirken im Allgemeinen kontrastärmer und sind eher braun als schwarz gefärbt.

Die wohl nächste Verwandte von *P. miranda* ist *P. tigrinawesseli*. Beide Arten verfügen über sehr ähnlich strukturierte Bulbi und Stridulationsorgane. Zudem besitzen sie fast identische ökologische Ansprüche. Vor diesem Hintergrund handelt es sich möglicherweise sogar lediglich um Farbvarianten einer Art. Ihr zweites Larvenstadium legt überdies eine relativ enge

Verwandtschaft mit den Arten *P. formosa* und *P. metallica* nahe.

Der Aufbau von Bulbi und Spermathek ähnelt hingegen dem von *P. regalis* und deren Verwandtschaft. Möglicherweise besitzt *Poecilotheria miranda* also auch enge Verbindungen mit den westindischen *P. regalis*.

Lebensraum

Die feuchten laubabwerfenden Wälder Nordostindiens sind der Lebensraum von *P. miranda*. Vermutlich besiedeln die Tiere aber auch halbimmergrüne Wälder. Bei *P. miranda* handelt es sich um die am weitesten nördlich verbreitete *Poecilotheria*-Art. Der Fluss Ganges markiert die Nordgrenze ihres Verbreitungsgebietes.

Aufgrund seiner nördlichen Lage erfährt das Habitat von *P. miranda* während des Winters verhältnismäßig niedrige Temperaturen. Gelegentlich können sie sogar unter 10°C fallen. Im Prämonsun (Mai) hingegen wird es ausgesprochen heiß und Temperaturen über 40°C sind durchaus möglich. Sowohl der Winter als auch der folgende Prämonsun sind ziemlich trocken. Im folgenden Südwestmonsun hingegen fällt der überwiegende Teil des mit über 2000 mm recht üppigen Jahresniederschlags. Gleichzeitig sinken hier die hohen Temperaturen des Prämonsuns auf durchschnittlich etwa 28°C ab. Insgesamt liegt hier feuchtes, typisch tropisches Klima vor.

Lebensweise

Poecilotheria miranda ist nicht unbedingt auf naturbelassene Waldareale angewiesen. Die Tiere finden sich zwar vorwiegend in dichten Waldgebieten, besiedeln aber auch einzeln stehende Bäume auf Viehweiden und Reisfeldern. Sehr dicke und hochwüchsige Bäume werden von den Spinnen bevorzugt. Ihre Schlupfwinkel lassen sich sowohl knapp über dem Erdboden als auch in den Baumkronen auf über 20 m Höhe

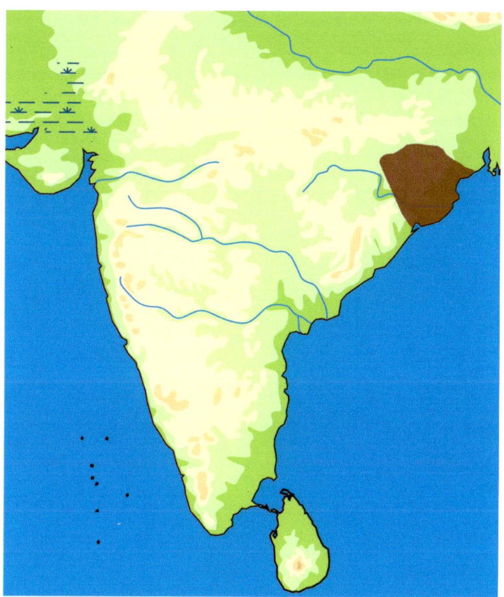

Abb. 188 Verbreitungskarte von *P. miranda*

entdecken. An den Wohnbäumen der Spinnen findet sich oftmals eine ungewöhnlich hohe Anzahl von etwa 2 cm großen Grillen, die vermutlich eine der Hauptnahrungsquellen von *P. miranda* ausmachen. Eine solche Präferenz für kleine Beuteinsekten würde auch erklären, warum sich die großen Spinnen in Gefangenschaft sehr zurückhaltend gegenüber großen Futtertieren verhalten.

Während der trockenen Phasen des Jahres nimmt die Zahl potenzieller Beutetiere deutlich ab. Insbesondere am Ende der Trockenzeit zeigen viele *P. miranda* einen bedenklich erscheinenden Ernährungszustand. Mit dem Beginn des Südwest-Monsuns nimmt die Anzahl von Beuteinsekten aber rasch wieder zu. In diese Phase fällt offenbar auch die Paarungszeit von *P. miranda*. Verpaarte Weibchen haben dann bis in den Herbst Zeit, sich ausreichende Nahrungsreserven für einen Kokonbau anzufressen. Der eigentliche Kokonbau dürfte zu Beginn des neuen Jahres stattfinden. Als Auslöser für die Eiablage kommen steigende Temperaturen und/oder zunehmende Niederschlagsmengen infrage.

Etwa sieben Wochen nach der Eiablage erreichen die kleinen Spinnen das Larvenstadium und verlassen den Kokon. Nach weiteren drei Wochen häuten sie sich schließlich in das zweite Larvenstadium. In diesem Entwicklungsstadium beginnen sie dann mitunter, sich gegenseitig zu fressen. Dabei werden insbesondere Geschwistertiere angegriffen, die sich noch im ersten Larvenstadium befinden. Manchmal häuten sich die kleinen Spinnen aber auch ohne Vorkommnisse von Kannibalismus ins erste Nymphenstadium. Im Endeffekt dürfte das beschriebene Zwischenstadium zweierlei Nutzen erfüllen:

1. Die Jungspinnen haben eine längere Entwicklungszeit bis ins Nymphenstadium als Arten ohne zweites Larvenstadium. Damit zehren sie länger von ihrem Dottervorrat. Auf diese Weise können sie den mitunter recht langen und ausgeprägt trockenheißen Prämonsun überbrücken, ohne auf Nahrung angewiesen zu sein.

2. Die eigenen Geschwister, die sich noch nicht wehren können (Larven), dienen den Tieren als erste Nahrungsquelle und sichern ihnen so selbst in ungewöhnlich langen Trockenphasen das Überleben.

Diese beiden Erklärungsansätze lassen sich auch auf andere *Poecilotheria*-Arten mit zweitem Larvenstadium (*P formosa, P. metallica, P. tigrinawesseli)* übertragen.

Viele junge Vogelspinnen zerstreuen sich sehr bald nach dem Erreichen des ersten Nymphenstadiums. *P. miranda*-Nymphen hingegen bleiben ungewöhnlich lange zusammen, bzw. in der Höhle ihrer Mutter. Wir konnten sowohl Mütter mit gut einjährigen Jungtieren als auch Gruppen von subadulten und sogar bis zu sieben adulten Tieren finden. Diese Neigung von Adulti zur Gruppenbildung konnte innerhalb der Gattung *Poecilotheria* in der Natur bisher nur bei *P. miranda* und *P. smithi* nachgewiesen werden. Die Gruppen teilten sich meist ein relativ enges Versteck, das nur einen sehr schmalen Eingang besaß. Im Unterschlupf waren die Tiere somit gezwungen, sich immer sehr dicht beieinander aufzuhalten. Bedenkt man, dass *P. miranda* sehr große Bäume bewohnt, in denen sich oftmals auch mehrere Höhlen befinden, scheint es verwunderlich, warum sich die Tiere nicht auf einzelne Verstecke verteilen.

Vor diesem Hintergrund darf angenommen werden, dass kein äußerer Zwang die Tiere zur Bildung einer Gruppe treibt, sondern Inter-

Abb. 189 Eingang zur Wohnhöhle von vier adulten *P. miranda*-Weibchen. Der Eingang zum Versteck ist erstaunlich klein, er misst nur knapp 5 x 3 cm. Das enge Zusammenleben mehrerer adulter Weibchen stellt ein gutes Beispiel für Interattraktion innerhalb der Gattung *Poecilotheria* dar.

Abb. 190 Adultes Weibchen von *Poecilotheria miranda*.

attraktion vorliegt. Dieser „innere Drang zur Vergesellschaftung“ (KULLMANN 1981) konnte auch bereits im Terrarium bei Vergesellschaftung mehrerer adulter *Poecilotheria miranda* erfasst werden. Diese Tatsache und die des Öfteren bei Jungtieren zu beobachtende Kooperation im Beutefang, sprechen für ein ziemlich weit entwickeltes Sozialverhalten. Bisher war es aber noch nicht möglich, bei Adulttieren Kooperation in Beutefang und Brutpflege zu beobachten. Aus diesem Grund konnte für *P. miranda* noch keine volle Sozialität nachgewiesen werden.

Poecilotheria miranda und der Mensch

Poecilotheria miranda ist das beste Beispiel dafür, dass man großen Vogelspinnen nicht überall in ihrem Verbreitungsgebiet mit Abneigung begegnet. Die im natürlichen Lebensraum von *P. miranda* siedelnden Adivasi begegnen den Tieren nur selten mit Angst oder Abscheu. Vielmehr zeigen einige Adivasi sogar Interesse an den großen Spinnen, welchen sie bei der Feldarbeit oder beim Holzschlagen regelmäßig begegnen. Dieses Interesse kann so weit gehen, dass die Spinnen als Haustiere gepflegt werden.

“Kula bindira”, wie *P. miranda* bei den Adivasi heißt, findet also nicht nur in den Reihen hiesiger Terrarianer Bewunderer, sondern sogar in ihrem Herkunftsland.

Bedrohungssituation

Ein Gutteil der ursprünglichen Bewaldung des Lebensraumes von *P. miranda* wurde abgeholzt. In einem fast 3.000 km2 großen Naturschutzgebiet haben die Tiere aber ein Rückzugsgebiet gefunden, welches ihnen auf lange Sicht ein Überleben garantiert. Darüber hinaus gelingt es den Spinnen recht gut, sich auch in einer vom Menschen erheblich umgestalteten Umwelt zurechtzufinden. Auf den von ihnen besiedelten Reisfeldern und Viehweiden finden sich nur wenige Bäume und dennoch leben die Tiere hier in großen Populationsdichten. Auch sind die auf landwirtschaftlichen Nutzflächen lebenden Spinnen offenbar nicht auf eine unmittelbare Nachbarschaft dieser Areale zu naturbelassenem Wald angewiesen. So lassen sich *P. miranda* sogar noch gut 10 km von Waldgebieten entfernt auf Feldern und Weiden entdecken. Ihre Anpassungsfähigkeit dürfte demnach als weiterer gewichtiger Faktor für den Fortbestand von *P. miranda* wirken.

Haltung und Zucht im Terrarium

Die Terrarienhaltung von *Poecilotheria miranda* ist nicht sonderlich kompliziert. Für die recht großwüchsigen Weibchen sollten Terrarien von 20 x 30 x 40 cm gewählt werden. Da *P. miranda* Feuchtwälder bewohnt, ist darauf zu achten, dass den Tieren immer genug Feuchtigkeit zur Verfügung steht. Lediglich für Zuchtzwecke ist es förderlich, eine Trockenzeit zu simulieren. Die Haltungstemperaturen sollten etwa 26°C und die relative Luftfeuchte etwa 80% betragen. Die Weibchen vertragen recht lange Trockenperioden, während die adulten Männchen innerhalb kürzester Zeit dehydrieren.

Als Futter eignen sich insbesondere Grillen und Heimchen, die dem natürlichen Nahrungsspektrum von *P. miranda* wohl am ehesten entsprechen.

Die Nachzucht von *P. miranda* ist relativ schwierig, hinzu kommt, dass es eine geringe Männchen-Quote bei den Nachzuchten gibt. Während die eigentliche Verpaarung meist noch ziemlich problemlos vonstatten geht, gehört schon ein wenig Glück dazu, verpaarte Tiere zum Kokonbau zu bewegen. Zudem neigen die großen Weibchen oft dazu, die wesentlich kleineren Männchen nach der Paarung zu verspeisen. Was nun den Auslöser des Kokonbaus angeht, konnten wir bisher folgende Erfahrungen machen: Verpaarte *P. miranda*-Weibchen bauen am ehesten einen Kokon, wenn sie nach der Paarung einer etwa 2-monatigen Winterruhe und Trockenperiode ausgesetzt werden. Dabei sollten die Temperaturen auf etwa 20°C gesenkt werden und der Bodengrund des Terrariums völlig austrocknen. Während dieser Ruhephase darf aber ein kleines Trinkgefäß im Terrarium nicht fehlen. Werden schließlich Temperatur und Luftfeuchtigkeit wieder angehoben, bauen die Weibchen ihren Kokon.

Aus diesem schlüpfen nach etwa 6-8 Wochen durchschnittlich 100 Larven, die sich nach weiteren drei Wochen ins zweite Larvenstadium häuten. Wie bereits in vorhergehenden Kapiteln angesprochen, sollten die Tiere nun genau beobachtet und beim ersten Anzeichen von Kannibalismus getrennt werden. Erreichen die kleinen Spinnen das Nymphenstadium, können sie aber problemlos wieder vergesellschaftet werden. Zusammen mit *P. subfusca*, zählt *P. miranda* zu den am besten für eine Gemeinschaftshaltung geeigneten *Poecilotheria*-Arten.

Nachdem in der Natur bereits adulte *P. miranda* in Gruppen gefunden wurden, wäre anzunehmen, dass sich Adulti zur Vergesellschaftung im Terrarium eignen. Erfahrungsgemäß muss das aber nicht funktionieren und kann sogar zu beträchtlichen Verlusten führen. Von drei Vergesellschaftungsversuchen mit je drei adulten Weibchen verliefen zwei völlig komplikationslos. Ein Versuch endete innerhalb von einem Monat damit, dass zwei Spinnen von ihrer Artgenossin getötet und anschließend verspeist wurden. Interessant daran ist, dass die Tiere, die sich nicht vertragen haben, keine Geschwister waren und in Einzelhaltung aufgezogen wurden. Bei den erfolgreich vergesellschafteten Spinnen handelte es sich dagegen um gemeinsam aufgezogene Geschwistertiere.

Vielleicht ist eine Art von Gewöhnungseffekt nötig, damit sich vergesellschaftete *P. miranda* untereinander vertragen.

Herkunft	*Nordostindien, West Bengalen / Orissa*
Terrariengröße	*20 x 30 x 40 cm*
Bedrohungsituation	*Nicht bedroht*
Zucht	*Schwierig*
Von der Art bewohnte Klimazone	*Feuchtwarmes typisch tropisches Klima*
Von der Art bewohnter Waldtyp	*Feuchter laubabwerfender Wald, halbimmergrüner Wald*
Für Anfänger geeignete Art	*Ja*
Terrarienklima	*26 °C, bei ca. 80% rLf*
Höhenlage	*Tiefland*
Erhältlichkeit im Zoohandel	*Oft erhältlich*
Etymologie	*Miranda = wunderbar*
Synonyme	-
Lokale Namen	*Kula bindira*
Eignung der Art zur Gruppenhaltung	*Empfehlenswert, auch über das erste Lebensjahr hinaus. Selbst die Gemeinschaftshaltung adulter Tiere ist möglich.*

Tabelle 9: Steckbrief *Poecilotheria miranda*

Poecilotheria ornata POCOCK, 1899

Einleitung

Poecilotheria ornata gelangte erst in den frühen 1990er Jahren in die Terraristik und anfänglich erzielten die hübschen Tiere ausgesprochen hohe Preise (TINTER 1995). Aufgrund ihrer relativ einfachen Nachzucht konnten die Tiere aber schnell im Hobby Fuß fassen und zählen heute zu den günstigsten *Poecilotheria*-Arten im Handel.

Habitus und Systematik

Weibchen: Weibliche *Poecilotheria ornata* gehören zu den wohl attraktivsten Spinnen innerhalb der Gattung *Poecilotheria*. Schon das Artepitheton „ornata", welches aus dem Lateinischen übersetzt „die geschmückte" heißt, deutet auf die Farbenpracht dieser Tiere hin. Zusätzlich erreichen weibliche Exemplare mit bis zu 7 cm Körperlänge beeindruckende Endgrößen und zählen somit zu den größten Vertretern ihrer Gattung.

Dorsal sind die Tiere ziemlich dunkel gefärbt. Über das dunkelgelbe, bis graue Dorsalschild zieht sich die für *Poecilotheria* typische schwarze Streifenzeichnung. Nach vorne schließen sich die grauen Chelizerengrundglieder und die grauschwarzen Taster an das Prosoma an. Die seitlich vom Prosoma ausgehenden Laufbeine sind dorsal überwiegend schwarz gefärbt. Dieser dunkle Farbton wird durch zahlreiche weiße und gelbe Ornamentzeichnungen aufgelockert. Manchmal

Abb. 191+192 Adultes Weibchen (oben) und Männchen (unten) von *P. ornata.* Bei Betrachtung des kontrastreich gemusterten Weibchens wird sofort klar, warum ihr Beschreiber den Namen „die geschmückte" für diese Vogelspinnenart wählte.

Abb. 193+194 Juveniles Weibchen (links) und Männchen (rechts) von *P. ornata*. Jungtiere dieser Art sind anhand ihrer Färbung einfach nach Geschlechtern zu trennen. Das Weibchen ist nicht nur kontrastreicher gemustert als das Männchen, sondern ihr Folium ist auch deutlich heller gefärbt.

verfügen die Tiere auch über einen grünlichen Schimmer auf dem Vorderleib und den Gliedmaßen, der vor Häutungen wieder verblasst. Das Opisthosoma ist seitlich dunkelgrau bis schwarz und trägt dorsal ein weißes Folium.

Ventral ist das Prosoma einförmig schwarz, das Opisthosoma hingegen braun. Die Laufbeine tragen eine auffällige gelb- bzw. weiß-schwarze Warntracht auf ihrer Unterseite. Unter den Tibien der Taster befindet sich eine tiefrote und dichte Langbehaarung, die ebenfalls der Abschreckung von Feinden dienen dürfte. Vergleichbare rote Behaarung findet sich an der Vorderseite der Chelizerengrundglieder. Nebenbei bemerkt, auch die hochgiftigen Kammspinnen der Gattung *Phoneutria* nutzen rote Chelizerenbehaarung als Schrecktracht.

Männchen: Adulte Männchen von *P. ornata* erreichen über 4 cm Körperlänge und eine beachtliche Beinspannweite.

Die Tiere sind überwiegend rotbraun gefärbt, gelegentlich verfügen sie aber über einen hübschen goldenen Schimmer auf dem Dorsalschild. Wie schon die Weibchen tragen auch männliche Exemplare nicht nur gelb-schwarz unter den Beinen sondern auch rote Langbehaarung an den Chelizeren als Warnfarbe.

Nymphen: Junge *P. ornata*-Nymphen sind anfänglich fast schwarz. Farblich zeigen sie große Ähnlichkeit mit den Jungtieren von *P. subfusca*. Mit über 10 mm Körperlänge im ersten Nymphenstadium sind junge *P. ornata* aber deutlich größer als *P. subfusca*-Nachwuchs in vergleichbaren Stadien.

Abb. 195 Junge *P. ornata*-Nymphe. Die einzige *Poecilotheria*-Art mit der sich die fast schwarzen Jungtiere von *P. ornata* verwechseln lassen, ist *P. subfusca*.

Mit etwa 3 cm Körperlänge lassen sich junge *P. ornata* Nymphen anhand ihrer dimorphen Dorsalzeichnung ziemlich einfach nach Geschlechtern aufteilen.

Anhand der Bulbi und des Stridulationsorgans kann *P. ornata* der Verwandtschaft von *P. fasciata* zugeordnet werden. Möglicherweise bildet sie auch einen Übergang zwischen der südindischen *P. rufilata* und der *P. fasciata*-Verwandtschaft in Sri Lanka. Immerhin verfügen *P. ornata* über beinahe dieselbe Beinzeichnung wie *P. rufilata* und zeigen darüber hinaus sehr ähnliche Ansprüche an ihren Lebensraum. Laut KIRK (2001) ist P. *ornata* sehr nah mit *P. pederseni* verwandt.

Lebensraum

Die Tieflandregenwälder im Südwesten Sri Lankas bilden den natürlichen Lebensraum von *P. ornata.* In diesem axerischen Habitat fällt beinahe täglich Regen und mit Tagestemperaturen von gut 28°C ist es das ganze Jahr hindurch ziemlich warm. Lediglich zum Ende des Winters und im Sommer lassen die Niederschlagsintensität und -häufigkeit etwas nach. Wirklich trocken wird es aber so gut wie nie.

Abb. 196 Verbreitungskarte von *P. ornata.*

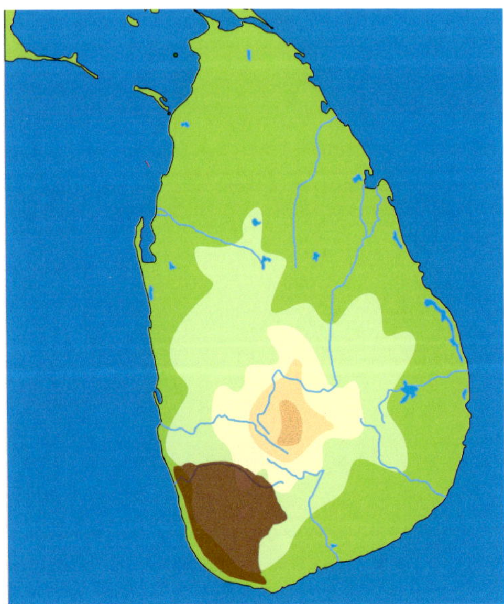

Lebensweise

Poecilotheria ornata bewohnt relativ hohe, dabei aber nicht allzu dicke Bäume. Wir konnten die Tiere vor allem in Bäumen von gut 20 m Höhe, jedoch nur etwa 30-40 cm Durchmesser entdecken. Hier fanden sich die Höhlen der Tiere meist zwischen etwa 30 cm und einigen Metern über dem Boden. In Höhen jenseits der 10 m Marke dürften die sich verjüngenden Stämme zu wenig Platz für Höhlen derart großer Tiere wie *Poecilotheria ornata* bieten. Lediglich für noch kleine Jungtiere kämen auch große Höhen als Wohnplätze in Frage.

Poecilotheria ornata scheint besondere Anforderungen an das Versteck in ihren Wohnbäumen zu stellen. Die Höhlen der von uns entdeckten Exemplare waren alle nach oben geschlossen und nur nach unten geöffnet. Bedenkt man die klimatischen Gegebenheiten im Habitat der Spinnen, erscheint eine derartige Präferenz durchaus sinnvoll. Im Tieflandregenwald sind ausgeprägte Regenfälle an der Tagesordnung und eine nach oben offene Höhle würde innerhalb kürzester Zeit mit Regenwasser volllaufen. Und selbst wenn der Unterschlupf beidseitig, also oben und unten geöffnet sein sollte, so würde beständig Regenwasser hindurch rinnen. Ein nach oben geschlossenes Versteck ermöglicht es den Tieren, trotz Regen in einer verhältnismäßig trockenen Umgebung zu leben. Das dürfte insbesondere während der Kokonzeit von Bedeutung sein, denn in einer zu nassen Umgebung entwickeln sich Eier und Jungspinnen nur schlecht.

Die Fortpflanzung von *P. ornata* scheint an die noch latent ausgeprägten Trockenphasen in ihrem Lebensraum gebunden zu sein. Wir konnten im Februar, der trockensten Zeit des Jahres,

Abb. 197+198+199 *Poecilotheria ornata*-Wohnbäume im Tieflandregenwald Sri Lankas. Die Bäume sind relativ dünn und die Wohnhöhle der Spinne nach oben hin geschlossen.

Mütter mit Jungtieren im Larvenstadium entdecken. Nach Angaben unseres Führers sollen Weibchen mit Nachwuchs auch im verhältnismäßig trockenen August zu finden sein. Demnach würde die Paarungszeit in die Hauptregenzeiten im Winter respektive Frühsommer fallen.

Womöglich gibt es also zwei Zeiten im Jahr, in denen *P. ornata* sich verpaart. Vielleicht sind einmal verpaarte Weibchen auch in der Lage, zwei

Kokons zu produzieren. Wir konnten jedoch unter Terrarienbedingungen noch nie den Bau eines zweiten Kokons bei *Poecilotheria ornata* beobachten. Diese Tatsache würde dafür sprechen, dass sich Weibchen in nur einer von zwei Paarungszeiten im Jahr verpaaren und dann nur ein Gelege produzieren. Vielleicht häuten sich die Weibchen aber auch öfter als andere Vertreter ihrer Gattung. Dann könnten sie sogar zwei Verpaarungen pro Jahr vollziehen. Jedoch zeigen die Tiere unter Terrarienbedingungen auch keinen beschleunigten Häutungszyklus.

Sollte es im Lebensraum von *P. ornata* tatsächlich zwei Paarungszeiten geben, so wäre das sehr ungewöhnlich für ihre Gattung. Dieser Umstand könnte aber mit den klimatischen Gegebenheiten im Lebensraum der Tiere zusammenhängen. Viele *Poecilotheria*-Arten aus typisch tropischen oder tropisch invertierten Klimazonen müssen sehr langwierige Trockenzeiten mit wenig Futter überstehen. Im Lebensraum von *P. ornata* fällt hingegen ganzjährig Regen und den Tieren stehen fast durchgängig große Nahrungsmengen zur Verfügung. Theoretisch würde das als Erklärung für zwei Gelege pro Jahr, bzw. für zwei separate Paarungszeiten genügen.

Bedrohungssituation

In den letzten 200 Jahren wurden 92% von Sri Lankas Tieflandregenwald abgeholzt und nur 2% des intakten Waldes stehen unter staatlichem Schutz. Gleichzeitig leben etwa 55% der Bevölkerung Sri Lankas im natürlichen Verbreitungsgebiet des Tieflandregenwaldes (WWF 2001). Aus diesem Grund schrumpfen auch die verbliebenen Waldareale beständig, um Platz für die wachsende Bevölkerung zu schaffen. Zumindest in den geschützten Waldgebieten hat *P. ornata* aber auch langfristig eine Überlebenschance und ist hier sogar relativ häufig anzutreffen.

Haltung und Zucht im Terrarium

Poecilotheria ornata stammt aus einer der feuchtesten Regionen Sri Lankas und dementsprechend sollte auch ihre Haltung ausfallen. Das bedeutet, der Bodengrund im Terrarium darf nie vollständig austrocknen, denn langfristig wird das den Tod der Spinne zur Folge haben. Gleichzeitig muss aber auch darauf geachtet werden, die Tiere nicht nass zu halten. Vor allem Staunässe ist zu vermeiden. Auch das würde sich nicht positiv auf ihr Wohlbefinden auswirken. Es gilt ein geeignetes Mittelmaß zu finden. Recht gute Erfahrungen haben wir mit einer relativen Luftfeuchtigkeit von etwa 80%, bei Haltungstemperaturen von 26-28°C gemacht. Der Größe der Tiere entsprechend sollte ihnen ein geräumiges Terrarium von 20 x 30 x 40 cm angeboten werden. Unter derartigen Haltungsbedingungen erweist sich *P. ornata* als dankbarer Pflegling und lässt sich verhältnismäßig einfach vermehren. Die Verpaarung verläuft meistens komplikationslos. *P. ornata* Weibchen verspeisen ihren Partner aber nicht selten kurz nach der Paarung. Sollte das Männchen noch für weitere Paarungsversuche gebraucht werden, ist es ratsam, es nach der Paarung aus dem Terrarium des Weibchens zu entfernen. Einige Wochen nach der Paarung sollte dem Weibchen eine kurze Trockenzeit von etwa vier Wochen Dauer geboten werden. Dabei ist darauf zu achten, dass der Bodengrund nicht vollkommen austrocknet. Ist das der Fall, muss etwas Wasser ins Becken gegeben werden. Nach dieser Trockenperiode bauen *P. ornata* Weibchen im Regelfall ihren Kokon, aus dem zwischen 100 und 250 Jungtiere schlüpfen. Sobald diese das Nymphenstadium erreicht haben, sollten sie getrennt werden. Versäumt man es, die Jungspinnen zu vereinzeln, beginnen sie meist mit dem Erreichen des zweiten Nymphenstadiums, sich gegenseitig zu fressen.

Tabelle 10: Steckbrief *Poecilotheria ornata*

Herkunft	*Südwest Sri Lanka (Ratnapura, Kitulgala)*
Terrariengröße	*20 x 30 x 40 cm*
Bedrohungsituation	*Bedroht*
Zucht	*Einfach*
Von der Art bewohnte Klimazone	*Warmes, Axerisches Klima*
Von der Art bewohnter Waldtyp	*Tieflandregenwald*
Für Anfänger geeignete Art	*Ja*
Terrarienklima	*26-28 °C, bei über 80% rLf*
Höhenlage	*Erste Rumpffläche*
Erhältlichkeit im Zoohandel	*Oft erhältlich*
Etymologie	*Ornata = geschmückt*
Synonyme	-
Lokale Namen	*Divimakulawa, Diamakulu*
Eignung der Art zur Gruppenhaltung	*Nicht empfehlenswert*

Poecilotheria pederseni KIRK, 2001

Einleitung

Obwohl *Poecilotheria pederseni* ein großes und sehr gut erschlossenes Gebiet bewohnt, wurde diese Art erst vor wenigen Jahren entdeckt. Dieser Umstand zeigt deutlich, dass selbst in vermeintlich gut erforschten Regionen noch die eine oder andere Art auf ihre Entdeckung warten könnte. Vielleicht war die nach ihrem Entdecker, dem dänischen Vogelspinnenzüchter NICOLAI PEDERSEN benannte *P. pederseni* also nicht die letzte neue *Poecilotheria*-Art Sri Lankas.

Habitus und Systematik

Poecilotheria pederseni lässt sich anhand ihrer Oberseitenzeichnung oder ihres Körperbaus kaum von der Art *P. fasciata* unterscheiden. Adulte Weibchen von *P. pederseni* sind lediglich etwas dunkler gefärbt als weibliche *P. fasciata*. Und auch ihre Genitalmorphologie weist keine nennenswerten Unterschiede zu *P. fasciata* auf. Das einzige sichere Unterscheidungsmerkmal zwischen den beiden Arten ist die Ventralzeichnung der Beine. Während *P. fasciata* über eine gelb-schwarze Ventralzeichnung unter den Vorderbeinen verfügt, sind diese bei *P. pederseni*

Abb 200+201+202 Adultes Weibchen (oben), Männchen (unten links) und juveniles Weibchen (unten rechts) von *Poecilotheria pederseni*. Diese Art ähnelt *P. fasciata* sehr stark.

Abb 203 Kleine *P. pederseni*-Nymphe.

weiß-schwarz gemustert. Zudem verfügt *P. pederseni* über einen schwarzen „Keilfleck“ unter dem Femur des vierten Laubeinpaares, der bei *P. fasciata* fehlt. Neben *P. fasciata* ähnelt *P. pederseni* noch weiteren Arten. Insbesondere *P. hanumavilasumica*, *P. regalis*, und *P. striata*. Von diesen Arten kann *P. pederseni* ebenfalls durch die fehlende gelbe Ventralzeichnung sowie den schwarzen Keilfleck auf Femur IV abgegrenzt werden.

Wie bei den meisten anderen *Poecilotheria*-Arten ist auch bei *P. pederseni* nur sehr wenig über ihre Verwandtschaft zu anderen Arten ihrer Gattung bekannt. Anhand der Form des Bulbus und des Stridulationsorgans lässt sie sich verwandtschaftlich *P. fasciata* zuordnen.

Der Erstbeschreiber KIRK nimmt eine recht enge Verwandtschaft von *P. pederseni* und *P. ornata* an (KIRK 2001). Das rechtfertigt er mit dem sehr ähnlichen Bau der Spermatheken, der Stridulationsorgane, sowie der Ventralzeichnung der Hinterbeine dieser beiden Arten. Diese These ist jedoch zumindest in Hinblick auf die Spermathek eher zweifelhaft. Denn die Form des Receptaculums dieser beiden Arten fällt recht variabel aus und unterscheidet sich nicht wesentlich von der anderer nah verwandter Arten, wie *P. fasciata*.

Vor dem Hintergrund ihrer ökologischen Ansprüche würde *P. pederseni* am ehesten zu *P. fasciata* passen. Immerhin ist sie in Südost-Sri Lanka das ökologische Gegenstück zu dieser. Die Ventralzeichnung ihrer Hinterbeine erinnert dagegen tatsächlich an *P. ornata*.

Lebensraum

Der Lebensraum von *Poecilotheria pederseni* erstreckt sich über die weitläufigen Tieflandregionen im Südosten Sri Lankas. Das Klima hier ist bixerisch oder tropisch invertiert und mit etwa 28°C Durchschnittstemperatur, bei nur knapp 1000 mm Jahresniederschlag, insgesamt relativ warm und trocken. Zudem erfährt die Region nur unwesentliche Temperaturschwankungen im Jahresverlauf. Im Prinzip gleichen die klimatischen Bedingungen weitgehend denen im Lebensraum von *P. fasciata*. Dies gilt auch für die Vegetation. Wie schon im Norden Sri Lankas gehören auch im Südosten des Landes vor allem immergrüne Trockenwälder zur dominierenden Waldform. Daher kann *P. pederseni* als ökologi-

Abb. 204 Verbreitungskarte von *P. pederseni*.

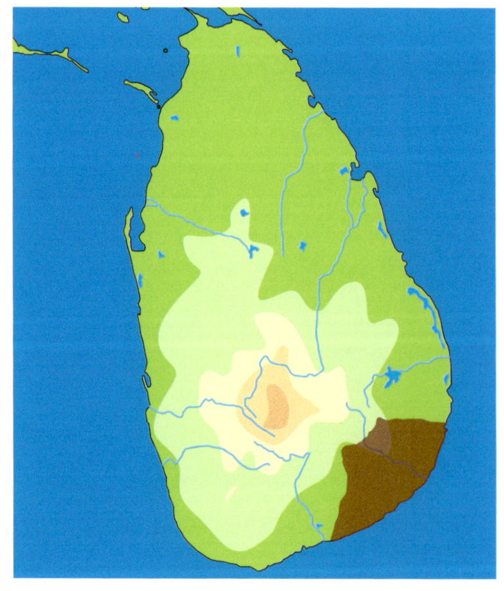

Abb. 205 Baumgruppe in einer Savanne am Rand des Yala Nationalparks in Südost-Sri Lanka. Lebensraum von *P. pederseni.*

sches Gegenstück zu *P. fasciata* betrachtet werden. Dementsprechend dürfte sich auch der Lebenszyklus der Tiere nach einem ähnlichen Muster wie bei *P. fasciata* abspielen. Jedoch scheinen *P. pederseni* keine derart enge Mutter-Kind Beziehung zu pflegen wie *P. fasciata*. Bereits mit knapp 1,5 cm Körperlänge beziehen die Tiere ihren eigenen Unterschlupf. Zumindest bleiben die kleinen Spinnen aber noch lange relativ tolerant gegenüber ihren Artgenossen. Die Eingänge der Versteckplätze von Jungtieren finden sich oft nur wenige Zentimeter auseinander.

Abb. 206+207 In diesem Baum fanden sich mehrere junge *P. pederseni*-Nymphen. Jedes Jungtier bewohnte seine eigene Höhle, die es mit einem auffälligen Gespinsttrichter versehen hatte (siehe Bild unten rechts).

Abb. 208+209+210 Vorgarten an einer Hauptstraße in Südost-Sri Lanka. In diesem sehr untypischen Lebensraum fanden sich mehrere *P. pederseni.*

Bedrohungssituation

Poecilotheria pederseni zählt sicherlich nicht zu den bedrohten *Poecilotheria*-Arten. Zwar ist ihr natürlicher Lebensraum, der immergrüne Trockenwald, vielerorts zu baumbestandenen Savannen degradiert, aber selbst hier finden die Tiere noch geeignete Lebensbedingungen vor. Und sogar Vorgärten und Böschungen viel befahrener Straßen werden von den erfolgreichen Kulturfolgern besiedelt. Doch die Spinnen profitieren nicht nur von ihrer großen Anpassungsfähigkeit, sondern insbesondere auch vom Naturschutz. Ein Gutteil ihres natürlichen Lebensraumes befindet sich innerhalb ausgedehnter Naturreservate. Allein der über 900 Quadratkilometer große Yala Nationalpark dürfte auf lange Sicht ein Überleben der Art garantieren.

Poecilotheria pederseni und der Mensch

Viele Sri Lankesen begegnen den vermeintlich tödlichen Vogelspinnen mit großer Furcht. Dass es aber auch Ausnahmen von dieser Regel gibt und dass aus Furcht sogar Interesse erwachsen kann, belegt eine interessante Geschichte:
Im Februar 2006 wurden wir auf der Suche nach *Poecilotheria pederseni* in den Vorgarten eines Hauses geführt. Zu unserem Erstaunen waren

alle Bäume in diesem Garten von *P. pederseni* bewohnt. Auf die Frage, ob er sich nicht vor dem Gift der Tiere fürchte, erzählte der Hausherr von einem europäischen Spinnensammler. Der habe ihn vor mehreren Jahren besucht und im Umkreis seines Hauses einige der großen Spinnen eingefangen, um sie mit nach Europa zu nehmen. Was für einen Europäer interessant war, weckte auch das Interesse des sri lankesischen Hauseigentümers. Und so versicherte er uns, dass die Spinnen seit dem Besuch gern gesehene Gäste in seinem Garten sind.

Haltung und Zucht im Terrarium

Ihre Anpassungsfähigkeit macht *P. pederseni* zum idealen Terrarienpflegling. Die grundsätzlichen Haltungsbedingungen sollten denen von *P. fasciata* gleichen. Es ist auf eine warme und nicht zu feuchte Unterbringung zu achten. Aber selbst zu kühle oder zu feuchte Haltung vertragen die anspruchslosen Tiere problemlos. Es handelt sich um gierige Fresser, die bei guter Fütterung sehr schnell wachsen.

Die Nachzucht ist ziemlich einfach. Vor der Verpaarung sollte unbedingt auf eine gute Fütterung des Weibchens geachtet werden. Kannibalismus am Männchen ist sonst sehr wahrscheinlich. Zur Paarung wird das Männchen einfach in das Terrarium des gut genährten Weibchens gesetzt und dort für einige Tage belassen. Durch die Simulation von Regen- und Trockenzeit kann dann einige Monate nach der Paarung die Eiablage ausgelöst werden. Trägt das Weibchen einen Kokon, ist unbedingt darauf zu achten, den Bodengrund nicht allzu stark zu befeuchten. Kokon tragende *P. pederseni*-Weibchen reagieren sehr empfindlich auf zu hohe Luftfeuchtigkeitswerte. Wird versehentlich zu viel Wasser ins Becken gegeben, fressen die Tiere ihr Gelege sofort auf. Der Bodengrund sollte daher nur befeuchtet werden, wenn er droht, vollständig auszutrocknen. Und selbst dann genügen einige Schlucke Wasser vollauf.

Herkunft	*Südost Sri Lanka*
Terrariengröße	*20 x 30 x 40 cm*
Bedrohungsituation	*Nicht bedroht*
Zucht	*Einfach*
Von der Art bewohnte Klimazone	*Tropisch invertiertes und bixerisches Klima, trocken und warm*
Von der Art bewohnter Waldtyp	*Immergrüner Trockenwald / Baumsavanne / aber auch Kulturfolger*
Für Anfänger geeignete Art	*Ja*
Terrarienklima	*28 °C, bei ca 70% rLf*
Höhenlage	*Erste Rumpffläche / Tiefland*
Erhältlichkeit im Zoohandel	*Sehr oft erhältlich*
Etymologie	*Nach dem Entdecker Nicolai Pedersen benannt*
Synonyme	-
Lokale Namen	*Divimakulawa, Diamakulu*
Eignung der Art zur Gruppenhaltung	*Im ersten Lebensjahr empfehlenswert. Es ist aber zu beachten, dass die Tiere in der Natur offenbar bereits als kleine Nymphen eine solitäre Lebensweise wählen.*

Tabelle 11: Steckbrief *Poecilotheria pederseni*

Beachtet man diese Grundregel, wird das Weibchen seinen Kokon meist ohne weitere Zwischenfälle bewachen. Die oft über 200 Jungtiere, welche schließlich aus einem Kokon schlüpfen können, eignen sich in ihren ersten Lebensmonaten recht gut für eine Gemeinschaftshaltung. Verluste durch Kannibalismus sind aber nie ganz auszuschließen.

Poecilotheria regalis POCOCK, 1899

Abb. 211 Adultes Weibchen von *Poecilotheria regalis*. Diese *Poecilotheria*-Art ist eine der häufigsten in unseren Terrarien.

Einleitung

Poecilotheria regalis ist sowohl in der Terraristik als auch in ihrem Herkunftsland Indien die am weitesten verbreitete Art ihrer Gattung. Schon ihr Erstbeschreiber POCOCK wies auf das große Verbreitungsgebiet dieser Tiere hin (POCOCK 1899). Vor allem dürften POCOCK aber die stattliche Größe und hübsche Färbung der neuen Art beeindruckt haben. Und so wählte er den Namen *Poecilotheria regalis*, der ins Deutsche übersetzt nicht weniger als die „königliche" bedeutet.

Übrigens handelt es sich bei *Poecilotheria regalis* auch um eine der ersten *Poecilotheria*-Arten in der Terraristik. Und auch heute noch machen viele Terrarianer, die sich mit der Haltung und Zucht von *Poecilotheria-Arten* befassen, ihre ersten Erfahrungen mit *P. regalis*.

Habitus und Systematik

In allen Altersstadien sieht *Poecilotheria regalis* den Arten *P. fasciata*, *P. hanumavilasumica* und insbesondere *P. striata* sehr ähnlich. Von all diesen Arten lässt sie sich aber anhand eines beigen Querbandes auf der Unterseite des Opisthosomas zweifelsfrei unterscheiden. Dieses ist typisch für *P. regalis* und fehlt allen anderen *Poecilotheria*-Arten. Jedoch bereitet diese Methode der Artidentifikation zwei wesentliche Schwierigkeiten. Zunächst einmal lässt sie sich erst bei Tieren mit etwa 2,5 cm Körperlänge anwenden. Vorher zeigen *P. regalis* Nymphen noch kein Querband auf der Unterseite des Hinterleibs. Ferner kann es bei halbwüchsigen Tieren schnell zur Verwechslung von *P. regalis* und *P. striata* kommen. Denn bis zu einer Größe von etwa 3 cm (manchmal auch darüber hinaus) zeigen auch *P. striata*-Jungtiere einen angedeuteten beigen Querstreifen unter dem Opisthosoma.

Des Weiteren ist zu erwähnen, dass sich der Sexualdichromatismus bei *P. regalis*-Nymphen erst viel später abzeichnet als bei Jungtieren vieler anderer *Poecilotheria*-Arten. Während sich beispielsweise *P. pederseni* schon mit knapp 3 cm Körperlänge recht gut nach Geschlechtern unterscheiden lässt, kann es bei *P. regalis* sogar bei subadulten Tieren noch zu Verwechslungen kommen. Eine Geschlechtsbestimmung nach Farbmerkmalen ist hier also weniger ratsam. Adulte Weibchen erreichen bis zu 7 cm Körperlänge, Männchen meist nur etwa 4 cm, manchmal aber auch über 5 cm Körperlänge.

Abb. 212+213 Adultes Männchen (oben) und Jungtier (unten) von *Poecilotheria regalis.*

Poecilotheria regalis zählt zum engeren Verwandtschaftskreis von *P. fasciata*. Das zeigt sich nicht nur an ihrer Färbung sondern auch an dem Aufbau ihres Stridulationsorgans sowie der Bulbi. Ihre nächste Verwandte dürfte aber die westindische *P. striata* sein. Möglicherweise besteht aber auch eine Verbindung zu den ostindischen Arten *P. miranda* und *P. tigrinawesseli*.

Lebensraum

Poecilotheria regalis ist eine der ökologisch erfolgreichsten Arten innerhalb der Gattung *Poecilotheria*. Keine andere *Poecilotheria*-Art bewohnt ein derart großes und vor allem vielgestaltiges Gebiet wie sie.

Ihr Verbreitungsgebiet erstreckt sich über einen Gutteil des tropischen Indiens, wobei es mehrere Waldtypen sowie feuchte und trockene Klimazonen umfasst. Auch ist die Verbreitung von *P. regalis* nicht an bestimmte Höhenlagen gebunden. Die Tiere bewohnen sowohl das Tiefland als auch Bergregionen bis hin zu etwa 1000 m Höhe.

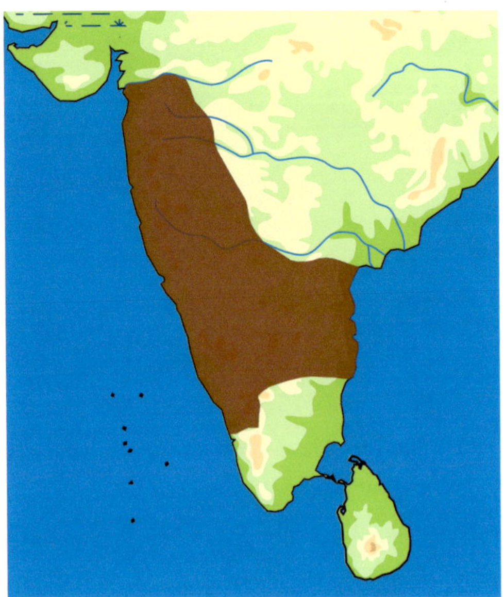

Abb. 214 Verbreitungskarte von *P. regalis*

Abb. 215 Reste eines feuchten, laubabwerfenden Waldes im nordwestindischen Bundesstaat Gujarat. Dies ist der nördlichste bekannte Fundort von *P. regalis.* Obwohl hier nur noch vereinzelt geeignete Wohnbäume zu finden sind, konnte sich eine stabile *P. regalis*-Population halten.

Der bisher nördlichste Fundort von *P. regalis* befindet sich nach unseren Funden in den Rajpipla und Akrani Hills, im nordwestindischen Bundesstaat Gujarat. *P. regalis* bewohnt also ähnliche Breitengrade wie die in Nordostindien beheimatete *P. miranda*. Zukünftige Erkenntnisse werden möglicherweise sogar dazu beitragen, dass *P. miranda* als am nördlichsten verbreitete Poecilotheria-Art von *P. regalis* abgelöst wird.

Von Gujarat aus erstreckt sich der Lebensraum von *P. regalis* entlang der Western Ghats bis in deren südliche Ausläufer. Gleichzeitig dehnt sich das Verbreitungsgebiet der Tiere als breiter Gürtel bis an die Ostküste Indiens aus.

Während die Spinnen an der Westküste Indiens sehr feuchte Lebensräume vorfinden, nehmen die jährlichen Niederschläge nach Osten hin stetig ab. Aber selbst das mitunter extreme Klima im Regenschatten der Western Ghats ist für die anpassungsfähigen Tiere geeignet.

Die einzige Gemeinsamkeit, die allen *P. regalis* Habitaten zugesprochen werden kann, ist ihr typisch tropisches Klima. Aus anderen Klimazonen sind uns bisher keine Funde dieser *Poecilotheria*-Art bekannt.

Vor dem Hintergrund der Mannigfaltigkeit von *P. regalis*-Lebensräumen ist es fraglich, ob diese Tierart ursprünglich ein ähnlich großes Verbreitungsgebiet bewohnte wie heute. Möglicherweise wurden die Spinnen auch unwissentlich vom Menschen verschleppt. Ihre große Anpassungsfähigkeit hätte es den Tieren dann ermöglicht, sich schnell in neuen Lebensräumen zurechtzufinden und hier Fuß zu fassen. Nach Smith (2006) soll insbesondere der Mitte des 19. Jahrhunderts von den britischen Kolonialherren vorangetriebene Ausbau des indischen Eisenbahnnetzes zur Verbreitung von *P. regalis* beigetragen haben. Der Betrieb der damals gebräuchlichen Dampflokomotiven bedurfte großer Mengen an Feuerholz. Daher führ-

Abb. 216+217 Wohnbaum eines adulten *P. regalis*-Weibchens. Das Bild wurde während des Monsuns, in einem laubabwerfenden Trockenwald in Südindien aufgenommen. Die Bewohnerin des Baumes ist sichtlich verärgert über die Störung.

ten Züge ihren Treibstoff über weite Distanzen mit sich. Dabei ist es nicht unwahrscheinlich, dass einige *P. regalis* mit dem Feuerholz über Indien verschleppt wurden und als Gründerindividuen neue Populationen etablierten.

Der ursprüngliche Lebensraum von *P. regalis* dürfte sich laut SMITH (2006) in den nördlichen Western Ghats befunden haben. Von hier aus sollen die Tiere mit dem Feuerholz für die Dampflokomotiven entlang der Eisenbahnlinien bis in den Osten Indiens gelangt sein.

Bedrohungssituation

Poecilotheria regalis ist nicht nur überaus anpassungsfähig sondern besiedelt darüber hinaus ein ungemein großes Verbreitungsgebiet. Demnach handelt es sich mit Sicherheit um keine bedrohte *Poecilotheria*-Art. Es ist aber anzunehmen, dass zumindest einzelne Populationen von *P. regalis* gefährdet sind. Aufgrund ihrer großen Verbreitung würde diese Art aber selbst das Erlöschen einzelner Populationen verkraften. Selbst in fast völlig abgeholzten Waldgebieten konnten *P. regalis*-Populationen nachgewiesen werden. In Nordwestindien konnten wir die Tiere sogar auf landwirtschaftlichen Nutzflächen entdecken, die vom nächsten naturbelassenen Waldgebiet etwa 30 km entfernt lagen. Um eine *Poecilotheria regalis*-Population völlig auszurotten, bedarf es wohl der Rodung jeglicher geeigneter Wohnbäume in einem sehr großen Areal. Bleiben einige Baumbestände erhalten, genügt das den Tieren bereits zum Überleben.

Poecilotheria regalis und der Mensch

In ihrem riesigen Verbreitungsgebiet werden *P. regalis* regional sehr verschiedene Einstellungen entgegengebracht. Während sie im Nordwesten Indiens als gefährliche Giftspinnen gefürchtet und bei einer Begegnung sofort erschlagen werden, hält man sie im Südosten des Landes sogar als Haustiere. Letztere Aussage gilt es allerdings zu relativieren. Die Tiere wurden hier keineswegs so gut behandelt wie es im Lebensraum von *P. miranda* der Fall ist. Vielmehr werden sie gelegentlich eingefangen und dann in mit Gras gefüllten Kunststoffbeuteln aufbewahrt. Solch eine Unterbringung ist natürlich keineswegs artgerecht und wird auf Dauer entweder zum Tod der Spinne oder aber zu ihrem Ausbruch führen.

Haltung und Zucht im Terrarium

Poecilotheria regalis ist eine ideale Anfänger-*Poecilotheria*, die auch grobe Haltungsfehler verzeiht und sich ziemlich einfach zur Nachzucht bringen lässt.

Die Tiere lassen sich unter den gleichen Bedingungen wie *P. fasciata* halten und vermehren. Ihre Nachzucht ist jedoch weit weniger problembehaftet als die von *P. fasciata*. Im Regelfall bewachen *P. regalis* Weibchen ihren Kokon ohne Schwierigkeiten und nach einigen Wochen schlüpfen 100 bis hin zu über 200 Jungtiere. In den ersten Monaten eignen sich diese recht gut für eine Gemeinschaftshaltung. Nach einiger Zeit häufen sich aber Kannibalismusfälle unter den Tieren. Eine Begründung hierfür könnte die durch Nahrungsraub bedingte Größendifferenz der Spinnen liefern. Eine Vergesellschaftung von *P. regalis* muss aber nicht zwingend mit dem Tod von Gruppenmitgliedern enden. Wie im Kapitel „Haltung und Zucht im Terrarium" bereits dargestellt, ist es mitunter sogar möglich, adulte *P. regalis* zusammenzuhalten, ohne das es zu Komplikationen kommt. Im Endeffekt bleibt es jedem selbst überlassen, ob man das Risiko einer längerfristigen Gruppenhaltung tragen möchte.

Herkunft	*Weite Teile des tropischen Indiens, nördlich bis etwa zur Tropengrenze*
Terrariengröße	*20 x 30 x 40 cm*
Bedrohungsituation	*Nicht bedroht*
Zucht	*Einfach*
Von der Art bewohnte Klimazone	*Sowohl feuchtes als auch trockenes typisch tropisches Klima, warm*
Von der Art bewohnter Waldtyp	*Feuchter immergrüner Wald, Halbimmergrüner Wald, feuchter laubabwerfender Wald, laubabwerfender Trockenwald, Kulturfolger*
Für Anfänger geeignete Art	*Ja*
Terrarienklima	*28 °C und zwischen 70-80% rLf*
Höhenlage	*Tiefland bis hin zu etwa 1000 m*
Erhältlichkeit im Zoohandel	*Sehr oft erhältlich*
Etymologie	*regalis = königlich*
Synonyme	*Ornithoctonus gadgili (Tikader 1977)*
Lokale Namen	*Koli, Bokhydmamu, Botkill*
Eignung der Art zur Gruppenhaltung	*Während der ersten sechs Lebensmonate empfehlenswert. Danach immer noch möglich, aber Ausfälle durch Kannibalismus werden wahrscheinlich.*

Tabelle 12: Steckbrief *Poecilotheria regalis*

Poecilotheria rufilata POCOCK, 1899

Einleitung

Poecilotheria rufilata wurde bereits 1899 beschrieben, galt jedoch bis in die frühen 1990er Jahre als verschollen. Exakte Fundorte der Tiere waren bis dahin nicht bekannt. Schließlich konnte der Belgier PHILIP CHARPENTIER einige neue Vorkommen der großen Vogelspinnen entdecken, die er 1996 in einer „Neubeschreibung von *Poecilotheria rufilata*" (CHARPENTIER 1996) veröffentlichte.

Die anfänglich als Raritäten gehandelten Spinnen haben heute ihren festen Platz im Hobby gefunden und werden regelmäßig nachgezüchtet.

Abb. 218 Die auffälligen blauen Flecken unter den Vorderbeinen und Tastern sind typisch für *P. rufilata*.

Habitus und Systematik

Poecilotheria rufilata ist eine der größten *Poecilotheria*-Arten. Ihre beachtliche Beinspanne von bis zu 25 cm macht die Weibchen dieser Vogelspinne zu eindrucksvollen Terrarienpfleglingen. Aber nicht nur durch ihre Größe, vielmehr noch durch ihre Farbgebung, hebt sich *P. rufilata* von den meisten anderen *Poecilotheria*-Arten ab. Oftmals erscheinen die Tiere am ganzen Körper in metallischem Grün. Abgesehen von *P. ornata,* die gelegentlich ebenfalls einen grünen Farbstich zeigt, verfügt sonst keine *Poecilotheria*-Art über diese Färbung. Eine zweite Gemeinsamkeit, die *P. rufilata* mit *P. ornata* teilt, sind ihre rot behaarten ventralen Tastertibien und Chelizerengrundglieder – wobei das Rot bei *P. ornata* deutlich intensiver ausgeprägter ist. Zusätzlich besitzen *P. rufilata* vielfach noch blau irisierende Areale unter den Femuren der Taster und ersten beiden Laufbeinpaare. Wie schon der roten Behaarung dürfte auch den blauen Flecken Warnfunktion zukommen.

Weibliche *Poecilotheria rufilata* erreichen bis zu 7 cm Körperlänge. Gleichzeitig sind sie überdurchschnittlich langbeinig, was ihnen zur bereits erwähnten erheblichen Beinspannweite verhilft. Auf dem grünlichen Dorsalschild tragen sie wie *P. subfusca* ein sternförmiges schwarzes Muster, welches sich am Augenhügel zu einer dunklen Maske verdichtet. Das Opisthosoma ist dorsal und ventral braun. Dorsal trägt es zudem ein hellgelbes Folium mit einer bräunlichen Mediallinie. Die Laufbeine und Taster tragen oberseits entweder Grün oder Braun als dominierenden Farbton. Dieser ist von gelben Flecken- und Streifenmustern durchsetzt. Die Ventralzeichnung der Beine ähnelt der von *P. ornata*. Jedoch verfügt *P. rufilata* über hellgelbe Flecken an der Basis der Laufbeintibien III und IV, die bei *P. ornata* weiß sind.

Poecilotheria rufilata-Männchen sind ähnlich gefärbt wie Weibchen, ihnen fehlt jedoch das gelbe Folium. Stattdessen tragen sie nur eine dunkle Mediallinie auf dem Opisthosoma. Die Tiere

Abb. 219+220 Adultes Weibchen (links) und Männchen (rechts) von *P. rufilata*. Am Männchen läßt sich gut die grünmetallische Färbung dieser Art erkennen.

sind am ganzen Körper von einer dichten, rotbraunen Langbehaarung bedeckt.

Junge Nymphen sind dunkelgrau und weisen bereits die überdurchschnittliche Langbeinigkeit ihrer Elterntiere auf. Eine Geschlechtertrennung anhand von Farbmerkmalen ist bei *P. rufilata*-Jungtieren in keinem Stadium möglich. Laut SMITH (2006) handelt es sich bei *P. subfusca* um die nächste Verwandte von *P. rufilata*. Begründet wird dies mit dem Bau des Stridulationsorgans, nämlich 2 bis 5 Höckern inmitten des Stridulationfeldes. Die Struktur des Bulbus von *P. rufilata* hingegen lässt eher eine Verbindung zur Artengruppe um *P. fasciata* vermuten. Aufgrund ihrer sehr ähnlichen Ventralzeichnung der Beine kommt insbesondere eine Verwandtschaft mit *P. ornata* in Betracht.

Lebensraum

Bei *P. rufilata* handelt es sich um die einzige Hochland-*Poecilotheria* Indiens. Die Tiere leben in Höhen von etwa 900 bis 1500 m in den südlichen Ausläufern der Western Ghats. Möglicherweise bewohnen sie aber auch noch höhere Lagen des bis zu 2700 m hohen Gebirges. Der Lebensraum von *P. rufilata* befindet sich auf der Regenseite der Ghats und erfährt aufgrund dieser Lage im Großteil des Jahres Regenfälle. Lediglich der Winter bringt eine kurze Trockenzeit mit sich. Das Klima ist typisch tropisch. Die Temperaturen bleiben im Jahresverlauf, mit etwa 25°C, weitgehend konstant. Nur während des Prämonsuns ist ein recht ausgeprägter Temperaturanstieg zu verzeichnen. Wir konnten *P. rufilat*a in der Übergangsregion von Tiefland und Bergregenwäldern entdecken. Vielleicht besiedeln die Tiere aber auch halbimmergrüne und feuchte laubabwerfende Wälder.

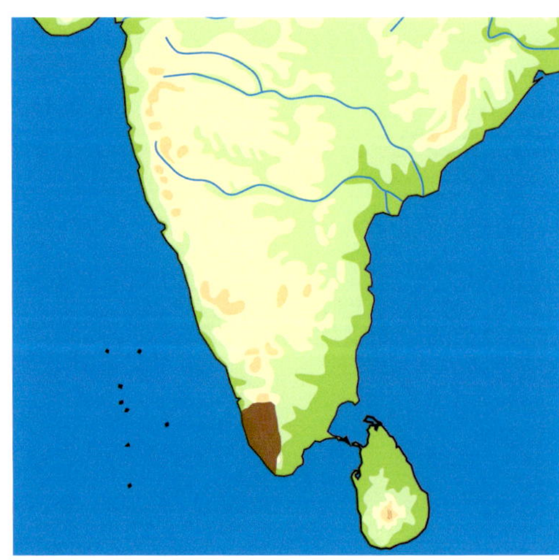

Abb. 221 Verbreitungskarte von *P. rufilata*.

Abb. 222+223 Juveniles Tier (oben) und Nymphe (unten) von *P. rufilata*. Bei Jungtieren dieser Art lässt sich das Geschlecht nicht anhand von Farbmerkmalen erkennen. Die kleinen Nymphen von *P. rufilata* lassen sich anhand ihrer Färbung und Langbeinigkeit aber sehr gut von anderen Arten der Gattung *Poecilotheria* unterscheiden.

Lebensweise

P. rufilata scheint eine sehr feuchte Umgebung zu bevorzugen. Wir konnten ein adultes Weibchen beobachten, welches sich in einer zur Hälfte mit Wasser gefüllten, etwa 60 cm tiefen Baumhöhle eingenistet hatte. Während des Tages verweilte die Spinne knapp oberhalb der Wasseroberfläche in ihrem Unterschlupf. Wurde das Tier aber gestört, tauchte es blitzschnell in das Wasser ab und versteckte sich am Grund seiner Höhle. Eine derartige Fluchtstrategie konnte gelegentlich auch bei anderen Arten der Gattung *Poecilotheria* beobachtet werden. Hier ist es aber vorwiegend auf Jungtiere beschränkt. Den Aussagen indischer Waldarbeiter zufolge, werden wassergefüllte Baumstämme bei *P. rufilata* dagegen von Tieren jeden Alters als Versteckmöglichkeit genutzt. Sind die Spinnen einmal abgetaucht, soll es bis zu zwei Stunden dauern, bis sie das Wasser wieder verlassen. Es ist anzunehmen, dass den Tieren bei

Abb. 224 Bergregenwald in Südwestindien, Lebensraum von *P. rufilata*.

Abb. 225 Wohnbaum einer adulten *P. rufilata*. Die etwa 50 cm tiefe Höhle des Tieres ist mit Wasser gefüllt, in das es sich bei Gefahr zurückzieht. Die Tiere sollen mehrere Stunden unter Wasser verweilen können, bevor sie wieder an die Oberfläche kommen.

ihren Tauchgängen ein dünner Luftfilm als Sauerstoffvorrat dient, der sich unter Wasser im Haarkleid hält.

Die Fortpflanzung von *P. rufilata* dürfte einem ähnlichen Zyklus unterliegen wie die der meisten anderen Arten ihrer Gattung. Das bedeutet, auf die Paarung in der Regenzeit folgt die Eiablage in der trockenen Phase des Jahres. Die Jungspinnen erreichen dann kurz vor Beginn der folgenden Regenzeit das Nymphenstadium. Bei *P. rufilata* verlassen die Jungspinnen aber nicht mit dem Einsetzen des Monsuns ihre Mutter sondern verbleiben offenbar noch sehr lange in ihrem Unterschlupf. Laut Charpentier (1996) werden „Männchen, Weibchen, Subadulte und Juvenile ...oft zusammen gefunden...". Und auch indische Waldarbeiter bestätigten uns, die Tiere des Öfteren in regelrechten Familienverbänden gefunden zu haben.

Abb. 226 Teeanbau, wie hier in Südindien ist einer der Hauptbedrohungen für den Bergregenwald. In den Hochlagen der Western Ghats ist vielerorts nur noch wenig von der ursprünglichen Bewaldung erhalten geblieben.

Abb. 227 *Poecilotheria rufilata*-Weibchen.

Bedrohungssituation

Bereits gut zwei Drittel des Bergregenwaldes der südlichen Western Ghats wurden abgeholzt. Verbliebene Waldgebiete sind, bis auf einen großen Habitatblock, stark fragmentiert. Und nach wie vor stellt der Anbau von Teak, Gummibäumen, Kaffee und insbesondere Tee eine ernstzunehmende Bedrohung für die Montanwälder Südindiens dar. Des Weiteren könnten Bergbauprojekte die Zerstörung großer Waldgebiete zur Folge haben (WWF 2001). Doch auch für die unterhalb des Bergregenwaldes gelegenen Feuchtwaldgebiete der Western Ghats sieht die Situation nicht viel besser aus.

Erfreulicherweise wurden viele verbliebene Feuchtwaldgebiete der Western Ghats mittlerweile unter staatlichen Schutz gestellt. Daher dürften Naturschutzgebiete dieser hübschen Vogelspinnenart noch langfristig ihren Fortbestand sichern.

Poecilotheria rufilata und der Mensch

Bereits im Kapitel „Menschen und *Poecilotheria* in Indien und Sri Lanka“ wurde das Verhältnis ihrer menschlichen Nachbarn zu *P. rufilata* ausführlich dargestellt. Der überwiegende Teil der Bevölkerung in den südlichen Western Ghats steht den Tieren äußerst ablehnend gegenüber. Und nicht selten endet eine Begegnung mit den großen Spinnen tödlich für das Tier.

Haltung und Zucht im Terrarium

Als Regenwaldbewohner höherer Lagen sollte *P. rufilata* weder zu trocken noch zu warm untergebracht werden. Temperaturen um 26°C genügen den Tieren vollauf. Die relative Luftfeuchtigkeit kann sich um 80% bewegen. Das Terrarium für die großen Spinnen sollte 20 x 30 x 40 cm messen. Insgesamt sind *P. rufilata* recht genügsame Terrarienpfleglinge. Es muss lediglich bedacht werden, dass sich einige Exemplare recht zurückhaltend gegenüber größeren Futtertieren verhalten. Die Nachzucht von *P. rufilata* ist nicht ganz einfach, aber mit ein wenig Glück und Geduld auch durchaus Anfängern möglich.

Die eigentliche Verpaarung der Tiere erfolgt meist problemlos. Sofern es nicht mehr gebraucht wird, kann das Männchen danach noch für einige Wochen im Terrarium des Weibchens belassen werden. Nicht selten harmonieren die Partner recht gut miteinander und bisweilen teilen sie sich sogar eine Wohnhöhle. Es kommt aber auch vor, dass das Weibchen seinen Partner einige Zeit nach der Paarung verspeist. Inwieweit man das Risiko tragen möchte, sein Männchen zu verlieren, sollte jeder Terrarianer für sich selbst entscheiden.

Als Auslöser für den Kokonbau hat sich eine zwei- bis dreimonatige Trockenperiode nach der Paarung bewährt, wobei der Bodengrund nie

Abb. 228 ***Poecilotheria rufilata*****-Weibchen mit Kokon.**

vollständig abtrocknen sollte. Eine Temperaturabsenkung ist bei *P. rufilata*, im Gegensatz zur sri lankesischen Hochlandart *P. subfusca*, nicht unbedingt nötig. Aus einem Kokon schlüpfen etwa 100 Jungtiere, die sich sehr gut für eine Gemeinschaftshaltung eignen. Nach spätestens einem Jahr sollte darauf geachtet werden, ob die Zahl der Pfleglinge stabil bleibt oder die Tiere beginnen sich zu fressen. Trifft letzteres zu, empfiehlt es sich, die Spinnen zu vereinzeln. Sollte die Gruppenhaltung auch über das erste Lebensjahr noch funktionieren, wäre es sicher interessant, weitere Versuche zur Vergesellschaftung adulter *P. rufilata* zu unternehmen.

Herkunft	*Südwestindien, Western Ghats nahe Trivandrum*
Terrariengröße	*20 x 30 x 40 cm*
Bedrohungsituation	*Bedroht*
Zucht	*Schwierig*
Von der Art bewohnte Klimazone	*Feuchtes, typisch tropisches Klima mit Herbstregen, bis hin zu axerischem Klima, mäßig warm*
Von der Art bewohnter Waldtyp	*Feuchter immergrüner Wald (Berg- und Tieflandregenwald) Halbimmergrüner Wald, feuchter laubabwerfender Wald?*
Für Anfänger geeignete Art	*Bedingt geeignet*
Terrarienklima	*25 °C und über 80% rLf*
Höhenlage	*Ca. 500 bis 1500 m, vielleicht auch höher*
Erhältlichkeit im Zoohandel	*Oft erhältlich*
Etymologie	*rufus = rothaarig* *latus = die Seite*
Synonyme	-
Lokale Namen	*Kaduva chilanghi*
Eignung der Art zur Gruppenhaltung	*Im ersten Lebensjahr sehr gut geeignet. Über das erste Lebensjahr hinaus können geringe Verluste durch Kannibalismus auftreten.*

Tabelle 13: Steckbrief *Poecilotheria rufilata*

Poecilotheria smithi KIRK, 1996

Einleitung

Diese Vogelspinnenart wurde bereits in den 1980er Jahren für die Terraristik entdeckt, damals jedoch falsch identifiziert und als *P. subfusca* in den Handel gebracht. Erst gute 10 Jahre später erkannte man diesen Irrtum und beschrieb die Tiere als neue Art. Dabei wurden fast zeitgleich zwei Arbeiten veröffentlicht, die sich mit der Beschreibung befassten. Und so erlangte die neue Spezies nicht nur als *P. smithi* KIRK 1996, sondern auch als *P. pococki*, CHARPENTIER 1996 Bekanntheit. Bei zwei Beschreibungen desselben Taxons besitzt, nach den internationalen Regeln der zoologischen Nomenklatur (ICZN), der zuerst veröffentlichte Name Gültigkeit. Daher ist der später publizierte Name *P. pococki* als Synonym von *P. smithi* anzusehen.

Habitus und Systematik

Poecilotheria smithi ähnelt sowohl in ihrer Dorsalzeichnung als auch in Körperbau und Größe sehr stark *P. fasciata*. Das gilt für adulte Weibchen und Männchen sowie für Jungtiere. Ihre Ventralzeichnung entspricht dagegen weitgehend der von *P. miranda*. Durch schwarze

Abb. 229+230 Adultes Weibchen von *P. smithi*.

Abb. 231+232 Adultes Männchen (links) und juveniles Männchen (rechts) von *P. smithi.* Das Geschlecht des juvenilen Tieres lässt sich recht gut anhand seines braunen Foliums erkennen. Bei Weibchen desselben Alters wäre es eher weiß.

Flecken an den Patellen aller Laufbeine kann sie jedoch von *P. miranda* unterschieden werden, der diese Flecken fehlen. Zudem besitzt *P. miranda* ventral komplett schwarze Taster. Bei *P. smithi* hingegen ist nur der Femur des Tasters schwarz. Außerdem tragen die Vorbeine von *P. smithi* ventral keine weißen, sondern hellgelbe Flecken. Bei *P. miranda* sind diese Flecken hingegen fast schneeweiß. Eine weitere Art, mit der sich *P. smithi* verwechseln lassen könnte, wäre *P. pederseni.* Diese verfügt jedoch über sehr schmale schwarze Streifen unter den Femuren des ersten Laufbeinpaares. Bei *P. smithi* nehmen diese Streifen mindestens drei Viertel der Fläche des Beinsegments ein. Anhand des Bulbus läst sich *P. smithi* der Verwandtschaft um *P. fasciata* zuordnen. Gleiches gilt für das Stridulationsorgan.

Lebensraum

Poecilotheria smithi bewohnt die Übergangszone von Berg- und Tieflandregenwäldern östlich der Stadt Kandy in Zentral-Sri Lanka. Diese Region liegt auf der zweiten Rumpffläche des Landes, in Höhen von etwa 200 bis 900 m, und erfährt beinahe ganzjährig ausgeprägte Niederschläge. Lediglich im Februar lassen die Regenmengen etwas nach. Die Durchschnittstemperaturen schwanken im Jahresverlauf nur unwesentlich, bewegen sich tagsüber um 26°C (März/April auch gegen 35°C möglich) und erfahren nachts eine geringfügige Abkühlung (vgl. S. 182).

Abb. 233 Verbreitungskarte von *P. smithi.*

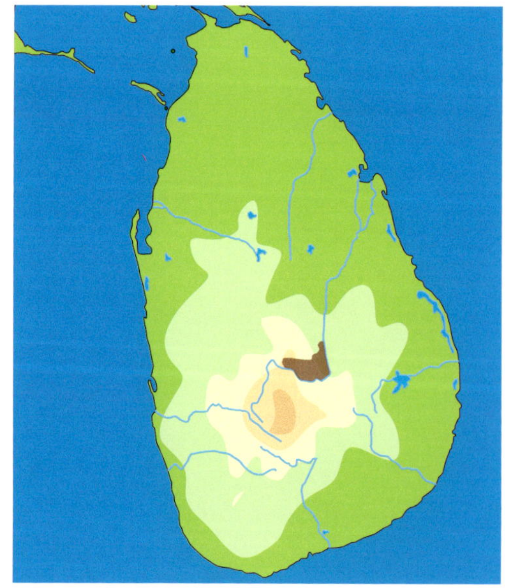

Abb. 234 Lebensraum von *P. smithi*, östlich von Kandy. Naturbelassene Regionen wie diese sind im Habitat von *P. smithi* nur noch schwer zu finden. Ein Großteil des Gebietes wird bebaut oder für Plantagen genutzt.

Lebensweise

Bisher ist noch nicht allzu viel von der Lebensweise dieser *Poecilotheria*-Art bekannt. Im Prinzip dürfte sie sich aber nicht besonders von der anderer *Poecilotheria*-Arten unterscheiden. Gemäß den Angaben von Landarbeitern sollen die Spinnen neben naturbelassenen Wäldern auch Kokospalmen nahe menschlicher Besiedlungen bewohnen. Ob das tatsächlich stimmt, konnten wir nicht herausfinden.

Jedoch war es möglich, eine andere interessante Beobachtung zu machen: *Poecilotheria smithi* teilen sich mitunter noch als Adulte einen gemeinsamen Unterschlupf. Es handelt sich also um eine weitere *Poecilotheria*-Art mit annähernd sozialen Verhaltensweisen. Vermutlich eignen sich die Tiere daher recht gut für eine Gemeinschaftshaltung im Terrarium.

Poecilotheria smithi und der Mensch

Wie im Kapitel „Giftigkeit und Feinde von *Poecilotheria*“ bereits erwähnt, hat die Angst vor den Spinnen im Habitat von *Poecilotheria smithi* geradezu obskure Ausmaße. Eine Begegnung mit Menschen endet für die Tiere daher meist tödlich. Selbst wenn die Spinnen in der Lage wären, Plantagen zu besiedeln, würden sie hier von den Arbeitern gnadenlos verfolgt.

Bedrohungssituation

Heutzutage ist *P. smithi* nicht nur in freier Natur, sondern auch in unseren Terrarien sehr selten geworden. Der Typusfundort von *P. smithi* wird intensiv bebaut. Immer wieder fallen neue Waldareale Plantagen und Wohnungsbauprojekten zum Opfer. Viele Wälder wurden zu Pfefferpflanzungen umfunktioniert. Das bedeutet, ein Großteil des Unterholzes wurde entfernt und alle Bäume sind von dichten Pfefferranken umschlungen. Für eine *Poecilotheria* bleibt da kein Platz mehr.

Vor diesem Hintergrund ist es ausgesprochen fraglich, ob *P. smithi* sich noch lange an ihrer Typuslokalität halten kann. Anlass zur Hoffnung geben aber die bisher noch nicht als *Poecilotheria*-Habitat bekannten Regionen östlich des Typusfundortes. Hier finden sich noch intakte Waldareale und vergleichbare Lebensbedingungen wie einst wohl am Typusfundort. Es bleibt zu hoffen, dass die Tiere hier auf lange Sicht eine Überlebenschance haben. Sollte das Vorkommen von *P. smithi* aber tatsächlich auf den Umkreis des Typusortes beschränkt sein, ist damit zu rechnen, dass sie in einigen Jahren in freier Natur ausgestorben sein wird.

Haltung und Zucht im Terrarium

Poecilotheria smithi lässt sich unter ähnlichen Bedingungen wie *P. ornata* halten und erweist sich als genügsamer und robuster Terrarienpflegling. Jedoch wirft ihre Nachzucht erhebliche Probleme auf. Daher ist *P. smithi* eine der am seltensten in Gefangenschaft vermehrten Arten ihrer Gattung. Das liegt jedoch nicht daran, dass Weibchen besonders schwer zum Kokonbau zu bewegen wären, sondern vor allem an einem

Mangel an männlichen Tieren. Befindet man sich im Besitz von Zuchttieren und wird ein Kokon gebaut, wird man meist mit einem weiteren Problem konfrontiert: In den letzten Jahren scheiterten zahllose Zuchtversuche daran, dass sich nur wenige bis keine Eier im Kokon entwickelten. Während sich die Tiere vor 15 Jahren noch problemlos vermehren ließen (KLAAS pers. Mittlg.), ist heute eine Ausbeute von wenigen Dutzenden Jungtieren pro Kokon nichts Ungewöhnliches. Bei Gelegegrößen von etwa 100-150 Eiern ist das ein ausgesprochen mageres und unbefriedigendes Ergebnis. Gründe für dieses Phänomen nennen zu wollen, wäre derzeit reine Spekulation.

Obwohl diese Vogelspinnenart nicht sonderlich schwer zu halten und auch nicht schwer zum Kokonbau zu bewegen ist, sollten Anfänger vom Erwerb Abstand nehmen. Die wenigen noch in der Terrarienhaltung vorhandenen Exemplare sollten erfahrenen Züchtern zur Verfügung stehen. Die können vielleicht einen Teil dazu beitragen, dass *P. smithi* wenigstens in unseren Terrarien eine Überlebenschance hat.

Abb. 235 Ein geöffneter *P. smithi*-Kokon. Wie so häufig bei der Zucht dieser Art, haben sich nur wenige Eier zu Larven entwickelt. Man beachte die vielen schwarzen, unentwickelten Eier.

Herkunft	*Zentral Sri Lanka, nahe Kandy*
Terrariengröße	*20 x 30 x 40 cm*
Bedrohungsituation	*Am Typusfundort vom Aussterben bedroht*
Zucht	*Schwierig*
Von der Art bewohnte Klimazone	*Axerisches Klima, mäßig warm*
Von der Art bewohnter Waldtyp	*Feuchter immergrüner Wald*
Für Anfänger geeignete Art	*Anfängern nicht zu empfehlen*
Terrarienklima	*26 °C, ca. 80% rLf*
Höhenlage	*Auf ca. 500 m, also auf der zweiten Rumpffläche des Landes*
Erhältlichkeit im Zoohandel	*Sehr selten erhältlich*
Etymologie	*In Anerkennung seiner Arbeit über die Gattung Poecilotheria nach ANDREW SMITH benannt*
Synonyme	*Poecilotheria pococki CHARPENTIER 1996*
Lokale Namen	*Divimakulawa, Diamakulu*
Eignung der Art zur Gruppenhaltung	*Vermutlich sehr gut für Gemeinschaftshaltung geeignet, sogar adulte Tiere leben in der Natur noch zusammen. Bisher sind aber noch zu wenig Erfahrungen zur Vergesellschaftung im Terrarium vorhanden.*

Tabelle 14: Steckbrief *Poecilotheria smithi*

Poecilotheria striata POCOCK, 1895

Einleitung

Bei *Poecilotheria striata* handelt es sich um die erste wissenschaftlich beschriebene Art ihrer Gattung aus Indien. Wie viele ihrer Gattungsgenossen gelangte sie jedoch erst viele Jahre später, gegen Ende der 1990er Jahre, in die Terrarien von Liebhabern. Die ersten Nachzuchten (2001) der Tiere wurden zu hohen Preisen angeboten, aufgrund der einfachen Zucht normalisierte sich der Preis sehr bald. Heute zählt *P. striata* zu den günstigeren *Poecilotheria*-Arten, die regelmäßig angeboten werden.

Habitus und Systematik

Poecilotheria striata sieht der Art *P. regalis* zum Verwechseln ähnlich. Sowohl die Verteilung der Farbmuster als auch die Genitalmorphologie dieser beiden Arten sind weitestgehend identisch. Lediglich durch ihre kontrastreichere Zeichnung und das fehlende beige Querband auf der Unterseite des Hinterleibs hebt sie sich von *P. regalis* ab. Interessanterweise ist dieses beige Querband bei juvenilen *P. striata* noch gut sichtbar ausgeprägt. Es verliert sich oft erst wenige Häutungen vor dem Erreichen der Geschlechtsreife. Einige Tiere, insbesondere Männchen, zeigen das Querband sogar als Adulti noch andeutungsweise. Möglicherweise handelt es sich bei *P. striata* und *P. regalis* um Farbvarianten nur einer Art.

Auch der Art *P. hanumavilasumica* ähnelt *P. striata* ausgesprochen stark. Von ihr lässt sie sich

Abb. 236 *Poecilotheria striata*, adultes Männchen. Diese Art ähnelt *P. regalis* sehr stark.

Abb. 237+238 ***Poecilotheria striata*, adultes Weibchen (oben) und juveniles Tier (unten).**

durch die deutlich breiteren schwarzen Bänder unter den Femuren der Laufbeine unterscheiden.

Verwandtschaftlich dürfte *P. striata* am ehesten *P. regalis* nahe stehen, deren Verbreitungsgebiet sich im Norden an ihres anschließt. Insgesamt lässt sich *P. striata* anhand ihrer Färbung, der Genitalmorphologie sowie der Anzahl und Lage von Höckern auf der Tastercoxa der Verwandtschaft um *P. fasciata* zuordnen.

Kirk (2001) synonymisierte *P. striata* mit *P. vittata*, einer Art, deren Herkunftsgebiet nicht bekannt war und die nur durch ein männliches Typusexemplar vertreten wurde.

Lebensraum

Der natürliche Lebensraum von *P. striata* befindet sich in den südlichen Western Ghats. Hier bewohnen die Spinnen den feuchten laubabwerfenden Wald (Sebastian 2006). West (2001) berichtet vom Fund der Tiere in einem Sanctuary im südindischen Bundesstaat Kerala. Dieses Naturschutzgebiet befindet sich in der Nähe der so genannten Palghat-Lücke, der einzigen Tiefland-Unterbrechung im sonst geschlossenen Bergsystem der Western Ghats. Diese Lücke könnte als isolierende Barriere zur Auseinander-

Abb. 239+240 Habitat in Südwestindien. Hier lebt *P. striata* sympatrisch mit *P. regalis* zusammen.

entwicklung der beiden Arten P. *striata* und *P. regalis* gewirkt haben. Demnach wäre anzunehmen, dass die Palghat-Lücke auch die nördliche Verbreitungsgrenze von *P. striata* darstellt. Die Verbreitung von *P. regalis* wäre dann auf die nördlich von Palghat gelegenen Regionen beschränkt. Laut West (schriftl. Mttlg.) kommen aber sowohl *P. regalis*, als auch *P. striata* gemeinsam in einem Habitat vor.

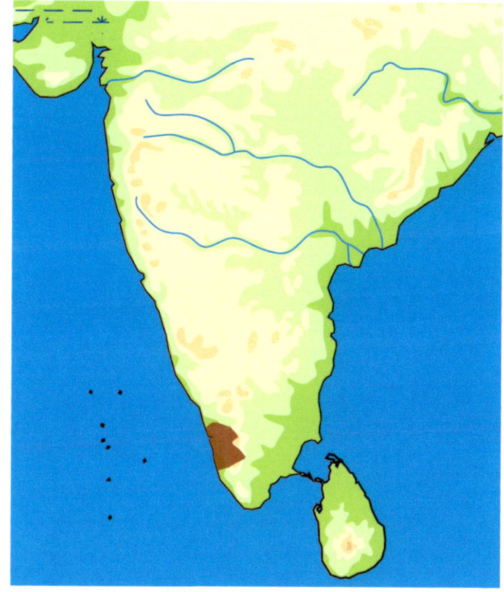

Abb. 241 Verbreitungskarte von *P. striata*.

Lebensweise

Die Lebensweise dieser *Poecilotheria*-Art dürfte sich nicht sonderlich von der von *P. regalis* unterscheiden. Es ist jedoch bislang nicht geklärt, ob sie ähnlich anpassungsfähig wie ihre Verwandte ist. *P. regalis* findet sich in beinahe jedem Lebensraum zurecht. Von *P. striata* sind uns hingegen nur Fundorte im feuchten laubabwerfenden Wald der Western Ghats bekannt. Ob sie ähnlich anpassungsfähig und ökologisch erfolgreich ist wie *P. regalis*, ist nicht bekannt.

Bedrohungssituation

Etwa 3/4 des feuchten laubabwerfenden Waldes der Western Ghats wurde bereits gefällt. Weitere Gefahren für den Fortbestand verbliebener Waldareale sind Brandrodung, Überweidung und Dammbauprojekte (WWF 2001). Erfreulicherweise finden sich aber im Bereich der Palghat-Lücke einige zum Teil große Naturschutzgebiete. Und die werden *P. striata* auch langfristig ein Überleben in der Natur ermöglichen. Habitatverlust stellt für den Fortbestand *P. striata* gegenwärtig also ein relativ geringes Risiko dar.

Abb. 242 *Poecilotheria striata* Weibchen mit Kokon. Diese Art ist einfach nachzuzüchten, und ein Gelege umfasst meist weit über 100 Eier.

Herkunft	*Südwestindien, Western Ghats*
Terrariengröße	*20 x 30 x 40 cm*
Bedrohungsituation	*Nicht bedroht*
Zucht	*Einfach*
Von der Art bewohnte Klimazone	*Feuchtwarmes, typisch tropisches Klima*
Von der Art bewohnter Waldtyp	*Feuchter laubabwerfender Wald*
Für Anfänger geeignete Art	*Ja*
Terrarienklima	*28 °C, ca. 80% rLf*
Höhenlage	-
Erhältlichkeit im Zoohandel	*Oft erhältlich*
Etymologie	*Striata = gerieft, kanneliert*
Synonyme	*Poecilotheria vittata* POCOCK, *1895*
Lokale Namen	*Nicht bekannt*
Eignung der Art zur Gruppenhaltung	*Nur während der ersten 6 Lebensmonate zu empfehlen, danach häufen sich Kannibalismusfälle*

Tabelle 15: Steckbrief *Poecilotheria striata*

Haltung und Zucht im Terrarium

Poecilotheria striata lässt sich unter sehr ähnlichen Bedingungen wie *P. fasciata* halten und nachzüchten. Es sollte lediglich auf eine etwas höhere Luftfeuchtigkeit im Terrarium geachtet werden, da *P. striata* etwas feuchtere Regionen als ihre Verwandte bewohnt. *P. striata* vertragen aber auch problemlos längere Trockenphasen.

Die Nachzucht der Tiere ist ziemlich einfach und gelingt in den meisten Fällen. Ein großer Vorteil gegenüber *P. fasciata* ist der oftmals geringe Größenunterschied zwischen Männchen und Weibchen. Kannibalismus nach einer Paarung tritt daher vergleichsweise selten auf. Er ist aber auch nicht ausgeschlossen. Sollte das Männchen noch gebraucht werden, empfiehlt es sich, es nach der Verpaarung aus dem Terrarium des Weibchens zu entfernen.

Bei einer erfolgreichen Kokonzeitigung darf der Pfleger sich auf mindestens 100, oft sogar über 200 Jungspinnen einstellen, die viel fressen und bei ausreichender Futterversorgung schnell wachsen. In ihren ersten Lebensmonaten eignen die kleinen Spinnen sich noch recht gut für eine Gruppenaufzucht. Später mehren sich Fälle von Kannibalismus. Nach spätestens 6 Monaten sollten die Geschwistertiere daher besser vereinzelt werden.

Poecilotheria subfusca POCOCK, 1895

Abb. 243+244 Adultes Männchen (links) und Weibchen (rechts) von *P. subfusca*. Die kontrastreich gemusterten Weibchen von *P. subfusca* zählen zu den schönsten Vertretern ihrer Gattung.

Einleitung

Poecilotheria subfusca ist in vielerlei Hinsicht eine außergewöhnliche Vogelspinne. Es handelt sich beispielsweise um die einzige *Poecilotheria*-Art, die erwiesenermaßen auch noch oberhalb von 2000 Höhenmetern vorkommt. Zudem zeigen die Tiere ein äußerst variables Größenwachstum. Während die Hochlandform dieser Spinnenart die wohl geringste Endgröße innerhalb der Gattung *Poecilotheria* erreicht, zählt eine Tieflandvariante dieser Tiere zu den Größten ihrer Gattung (JACOBI 2005). In der Terraristik ist *P. subfusca* vor allem aufgrund ihrer besonders hohen Verträglichkeit gegenüber Artgenossen in den Mittelpunkt des Interesses gerückt. Nicht zuletzt hat sich auch ihre hübsche Dorsalfärbung und -zeichnung auf die Nachfrage nach dieser Vogelspinne ausgewirkt. Heute zählt *P. subfusca* zu den begehrtesten und vermutlich auch zu den eher selten angebotenen Arten.

Habitus und Systematik

Bisher liegen kaum Erfahrungen mit Tieflandtieren vor, die so gut wie nicht im Zoohandel erhältlich sind. Deshalb beziehen sich die folgenden Angaben auf Hochlandtiere.

Wenn es darum ginge, die schönste Vogelspinne zu benennen, so würde *P. subfusca* mit Gewissheit zu den Favoriten gehören. Den Tieren fehlt zwar die für viele Vertreter ihrer Gattung so charakteristische gelb-schwarze Streifenzeichnung an der Beinunterseite, dafür bestechen sie durch eine wunderschöne Dorsalzeichnung. Weibchen bleiben mit etwa 5 cm Körperlänge relativ klein. Auf ihrer Unterseite sind sie fast einheitlich

Abb. 245+246 Adultes Weibchen der Tieflandform von *P. subfusca*. Die Tiere werden wesentlich größer, als ihre Artgenossen aus dem Hochland (siehe Vergleichsbild).

schwarz gefärbt. Lediglich an Basis und Spitze der Laufbeintibien und basal der Patellen verfügen sie über kleine, weiße Flecken. Oberseits dominiert ebenfalls die Grundfarbe schwarz. Diese wird auf den Beinen durch gelbe Ornamentzeichnungen längs der Tarsi, Metatarsi und Tibien, sowie weiße Querstreifen aufgelockert. Das Dorsalschild ist grau bis gelblich und verfügt über ein typischerweise sternförmiges schwarzes Zeichnungsmuster. Die Chelizeren erscheinen weißlich bis hin zu grau, und längs über das Opisthosoma zieht sich das weiße bis gelbliche Folium. Die Hochlandform von *P. subfusca* stammt aus kühlen Regionen. Da dunkle Oberflächen hervorragend Wärmestrahlen absorbieren, könnte ihre insgesamt sehr dunkle Dorsalzeichnung den Tieren als „Sonnenkollektor" dienen (STRIFFLER 2003b). Auf diese Weise würde es den Spinnen ermöglicht, sich an kalten Tagen sehr schnell durch ein Sonnenbad aufzuwärmen. Möglicherweise dient die dunkle Farbgebung aber auch lediglich der Tarnung für die überwiegend nachtaktiven Tiere.

Männchen von *P. subfusca* bleiben mit allerhöchstens 4 cm Körperlänge noch deutlich kleiner als Weibchen. Ihre Grundfarbe ist für gewöhnlich ein dunkles Braun und ihr Folium ist nur als dunkler Streifen angedeutet. Jedoch behalten auch geschlechtsreife Männchen noch deutlich ausgeprägte gelbe Ornamentzeichnungen auf den Beinen sowie ihre charakteristische sternförmige Zeichnung auf dem Dorsalschild.

Männliche Exemplare von *P. subfusca* können anhand ihres Bulbus zweifelsfrei von anderen *Poecilotheria*-Arten unterschieden werden. Dieser ist bei *P. subfusca* viel filigraner gebaut als bei anderen Arten ihrer Gattung. So ist die bei anderen Arten stark bauchige Basis des Bulbus eher dünn. Zudem ist der Embolus ungewöhnlich schmal.

Junge Nymphen sind noch weitgehend einheitlich dunkelbraun bis schwarz gefärbt. Die spätere Streifenzeichnung der Beinoberseite ist allerdings bereits angedeutet. *P. subfusca* gehört zu den Arten, bei denen sich bereits recht früh ein Sexualdimorphismus bemerkbar macht. Mit etwa 3 cm Körperlänge lassen sich Weibchen bereits von männlichen Artgenossen unterscheiden. Erstere sind nämlich wesentlich kontrastreicher gemustert als ihre Geschlechtspartner. Nach SMITH (2006) ist *P. subfusca* aufgrund der Struktur des Stridulationsorgans am ehesten mit der südwestindischen *P. rufilata* verwandt. Da beide Arten als Hochland- und Regenwaldbewohner sehr ähnliche ökologische Ansprüche

Abb. 247+248 Juveniles Tier (oben) und junge Nymphe (unten) von *P. subfusca*. In ihren ersten Lebensmonaten ähneln *P. subfusca* noch *P. ornata*-Nymphen.

zeigen, wäre das durchaus denkbar. Jedoch sollte bedacht werden, dass die Feuchtwälder Indiens und Sri Lankas schon seit einigen Millionen Jahren voneinander isoliert sind (siehe Kapitel "Geologie Indiens und Sri Lankas"). Demnach haben sich die beiden Arten möglicherweise bereits sehr weit auseinander entwickelt. Dafür würden beispielsweise die sehr verschiedenen Strukturen der Bulbi sprechen, die bei *P. rufilata* viel breiter sind als bei *P. subfusca*. Am nächsten ist *P. subfusca* wohl mit *P. uniformis* aus Sri Lanka verwandt. Beide Arten zeigen nicht nur identische Bulbi, sondern auch sehr ähnlich gebaute Stridulationsorgane.

Lebensraum

Poecilotheria subfusca bewohnt vor allem die Bergregenwälder im Hochland Zentral-Sri Lankas. Jedoch finden die Tiere sich auch noch in den Regenwäldern der zweiten Rumpffläche (zwischen 270 und 900 m) Sri Lankas. Es sind sowohl Fundorte nahe dem etwa 500 m hoch gelegenen Ort Kandy als auch im Umkreis der auf über 2000 m Höhe befindlichen Stadt Nuwara Eliya bekannt. Aufgrund der Höhendifferenz von über 1500 m variieren die Temperaturen zwischen diesen beiden Orten mitunter erheblich. Während es in Kandy eher selten wesentlich kälter als 20°C wird, können die Temperaturen bei Nuwara Eliya im Winter fast bis auf den Gefrierpunkt absinken. Jedoch ist es auch in Nuwara Eliya nicht dauerhaft kalt. Während der Mittagszeit können die Temperaturen auch hier über 25°C betragen.

Interessanterweise werden *P. subfusca* im Kandy District (auf ca. 600m Höhe) deutlich größer als die Exemplare aus den kühlen Hochebenen zwischen 1600 bis 2000 m.

Abb. 249 Verbreitungskarte von *P. subfusca*

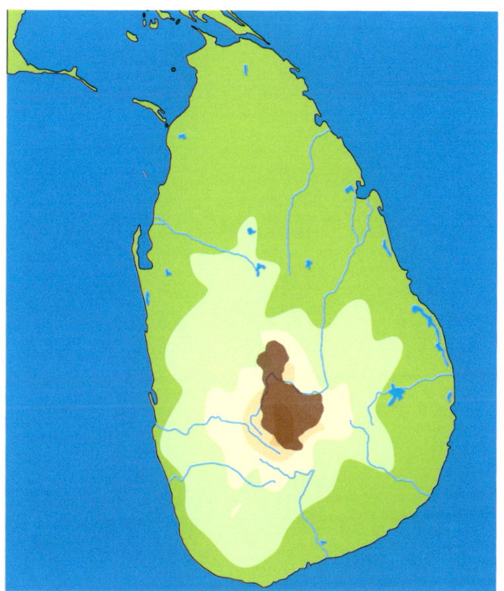

Insgesamt kann das Klima im gesamten Verbreitungsgebiet von *P. subfusca* als axerisch eingestuft werden. Lediglich im Februar lassen die Niederschläge spürbar nach. Aber auch zu dieser relativen Trockenzeit regnet es noch regelmäßig.

Lebensweise

Über die Lebensweise der großen *P. subfusca*-Variante - mitunter auch als „Tieflandform" bezeichnet - aus dem Umland von Kandy ist bislang noch wenig bekannt. Alle bisherigen Untersuchungen und Beobachtungen an *P. subfusca* wurden an den kleineren Hochlandtieren vorgenommen, auf die wir uns in den folgenden Darstellungen auch beziehen wollen.

Poecilotheria subfusca scheint dicke und knorrige Wohnbäume zu bevorzugen. Aber auch dünnere Bäume werden von den Spinnen bewohnt. Ihre Vorliebe für dickere Bäume findet ihre Erklärung vermutlich in der Neigung dieser Spinnenart zur Koloniebildung (KIRK, 2001 & SMITH, 2003). So finden sich die Tiere vielfach in großen Gruppen, die gemeinsam eine Höhle bewohnen. Ein dicker Baum bietet solch einer Gruppe mehr Platz und mehr Nahrung als ein dünner. Dünne Bäume werden eher von Einzeltieren bewohnt.

Poecilotheria subfusca-Kolonien in der Natur bestehen erfahrungsgemäß nur aus einem adulten Weibchen und mehren Jungtieren. Adulttiere konnten in der Natur noch nicht gemeinsam in einem Unterschlupf beobachtet werden.

Abb. 250+251+252 Alte, knorrige Cypresse bei Nuwara Eliya, Sri Lanka. Wohnbaum einer ganzen *Poecilotheria subfusca*-Kolonie. Jedes adulte Tier bewohnte eine eigene Höhle im Baum (Abbildung rechts).

Abb. 253+254 Alter Nadelbaum nahe Nuwara Eliya. Hinter der versponnenen Höhlenöffnung befindet sich ein kokontragendes *P. subfusca*-Weibchen. Viele vom Menschen ins Hochland Sri Lankas eingeführte Nadelbäume bieten *P. subfusca* ideale Lebensgrundlagen.

Daher sollte eine Vergesellschaftung adulter *P. subfusca* auch in der Terrarienhaltung überdacht werden. Immerhin stellt sie einen unnatürlichen Zustand dar, der nicht unbedingt zum Wohl der Tiere beiträgt.

Fortpflanzung

Zum Fortpflanzungsverhalten von *P. subfusca* in der Natur liegen bisher nur wenige Informationen vor. Es ist nach bisherigen Beobachtungen jedoch anzunehmen, dass die Reproduktion dieser Tiere einem ähnlichen Zyklus unterliegt wie die anderer *Poecilotheria*-Arten. Das bedeutet: Auf die Verpaarung während der Regenzeit folgt die Eiablage in der Trockenzeit. Mit dem Wiedereinsetzen der Regenperiode sind die jungen Spinnen schließlich fertig entwickelt und beginnen mit der Nahrungsaufnahme.

Aus Erfahrungen in der Terrariennachzucht lässt sich zudem folgern, dass das Fortpflanzungs-

Abb. 255 Schmale Wohnbäume, wie dieser, beherbergen meist nur einzelne *P. subfusca*-Weibchen, während dicke Bäume Platz für mehrere Tiere bieten.

verhalten von *P. subfusca* an Wechsel von hohen und niedrigen Temperaturen gekoppelt ist. Die Tiere legen meist erst nach einem simulierten winterlichen Temperaturabfall und anschließender Temperaturerhöhung ihre Eier.

Nach eigenen Beobachtungen bauen *P. subfusca*-Weibchen in der Natur ihre Kokons etwa im Februar. Der Kokonbau fällt damit in eine Phase, in der nach dem kalten Winter die Temperaturen wieder allmählich ansteigen. Zudem markiert der Februar das Ende der kurzen Trockenphase, die für Sri Lankas Regenwälder typisch ist.

Was im Vorhergehenden für die Hochlandform von *P. subfusca* erläutert wurde, trifft vermutlich auch für die große „Tieflandform" dieser Spinnenart zu. Der Lebenszyklus von Tieflandtieren dürfte lediglich weniger an einen Wechsel aus sommer- und winterlichen Temperaturen gekoppelt sein.

Haltung und Zucht im Terrarium

Bisher liegen kaum Erfahrungen mit Tieflandtieren vor, die so gut wie nicht im Zoohandel erhältlich sind. Deshalb beziehen sich die folgenden Angaben auf Hochlandtiere.

Poecilotheria subfusca ist eine recht friedliche Art. Lediglich adulte Männchen neigen zu aggressivem Verhalten. Aufgrund ihrer geringen Körpergröße genügen bereits Terrarien von 20 x 20 x 30 cm zur Pflege und Nachzucht von *P. subfusca*. Für die erfolgreiche Pflege der Tiere ist aber nicht die Terrariengröße, sondern vielmehr die Simulation eines geeigneten Terrarienklimas erforderlich.

Abb. 256 ***Poecilotheria subfusca.***

Wie schon *P. rufilata*, darf auch *P. subfusca* weder zu warm noch zu trocken gehalten werden. Insbesondere Jungtiere reagieren ausgesprochen empfindlich auf Trockenheit und Hitze. Gleichzeitig sollte man zu niedrige Haltungstemperaturen vermeiden, die ebenfalls sehr schnell zum Tode junger Nymphen führen können. Bei Temperaturen um 25°C und einer relativen Luftfeuchtigkeit von etwa 80% oder mehr gelingt die Haltung der Tiere meist problemlos. Die Kälteempfindlichkeit von Jungtieren erscheint bei Betrachtung des Klimadiagramms von Nuwara Eliya sehr verwunderlich. Immerhin steigen die durchschnittlichen Temperaturen hier kaum über 20°C. Eine Erklärung dieses Phänomens könnte im Reproduktionszyklus der Tiere liegen: Sollte die Zeit der Eiablage tatsächlich mit der Trockenphase im Februar zusammenfallen, würden die Jungspinnen etwa im April das Nymphenstadium erreichen. Die beiden auf den April folgenden Monate sind im Lebensraum von *P. subfusca* die wärmste Zeit des Jahres. Bis die Temperaturen zum Herbst und Winter wieder fallen, würden die jungen Spinnen also in einem verhältnismäßig warmen Klima leben. In dieser Phase hätten die Tiere ausreichend Zeit, zu einer Größe heranzuwachsen, in der sie der winterlichen Kälte widerstehen können. Haben *P. subfusca* erst einmal eine gewisse Größe erreicht, sind sie auch in der Terrarienhaltung deutlich kälteverträglicher. Adulte Tiere schließlich vertragen in ihren Baumhöhlen sogar mehrtägige nächtliche Temperaturabfälle bis knapp über den Nullpunkt.

Als Futter für *P. subfusca* eignen sich insbesondere Heimchen. Große Futterinsekten wie Wanderheuschrecken oder Schaben werden dagegen häufig verschmäht. Während Jungtiere noch gierige Fresser sind, entwickeln Adulti im Regelfall einen eher moderaten Appetit. Hin und wieder legen die Spinnen Fresspausen ein und magern ein wenig ab, was aber kein Grund zur Sorge ist. Problematisch kann ihr mangelnder Appetit aber werden, wenn es darum geht, die Spinnen zu vermehren. Die ohnehin schon relativ schwierige Nachzucht von *P. subfusca* wird oft noch dadurch erschwert, dass verpaarte Weibchen nicht genügend Nahrung zur Produktion von Eiern aufnehmen. Steigert ein Weibchen nach einer Verpaarung seine Nahrungsaufnahme, ist auch das noch keine Garantie für eine erfolgreiche Nachzucht. Oft häuten sich die vermeintlich trächtigen Tiere völlig unerwartet und müssen dann erneut verpaart werden. Derartige Schwierigkeiten können verringert werden, indem den verpaarten Weibchen ein klimatischer Signalgeber angeboten wird. Nach der Verpaarung sollten die Tiere für etwa 2 Monate bei Temperaturen von nur etwa 15°C untergebracht werden. Zudem empfiehlt es sich, in dieser Zeit weniger zu gießen, um den Boden etwas abtrocknen zu lassen. Wird im Anschluss die Temperatur wieder angehoben und gleichzeitig die Luftfeuchtigkeit erhöht, bauen die Spinnen oftmals ihre Kokons. Mit normalerweise etwa 40 bis maximal 100 Eiern enthalten diese eine verhältnismäßig geringe Eizahl. STRIFFLER (2005) hingegen berichtet von bis zu 200 Eiern in Kokons sehr großer *P. subfusca*-Weibchen. Nach bisherigen Erfahrungen sind derart große Gelege aber sehr untypisch für *P. subfusca* und dürften nur ausgesprochen selten vorkommen.

Für gewöhnlich produzieren *P. subfusca* nicht nur verhältnismäßig kleine Gelege, auch der Durchmesser ihrer Eier ist nicht sonderlich groß. Zudem zählen die Jungspinnen, welche sich aus einem Gelege entwickeln, zu den kleinsten innerhalb der Gattung *Poecilotheria*. Mit nur etwa 8 mm Körperlänge erreichen *P. subfusca*-Nymphen im ersten Stadium lediglich 60% der Länge großer Gattungsgenossen, wie *P. ornata*, oder *P. striata*. Zudem wachsen die Tiere ziemlich langsam und reagieren in den ersten Lebensmonaten sehr empfindlich auf Haltungsfehler. Ihr Wachstum lässt sich etwas beschleunigen, wenn die jungen Spinnen gemeinsam aufgezogen werden. Solch eine Gemeinschaftsaufzucht von *P. subfusca* kann noch lange über das erste Lebensjahr erfolgen. Ausfälle durch Kannibalismus sind ausgesprochen selten, kommen aber selbst bei dieser verträglichen Art vor. Insbesondere adulte Männchen werden häufig von Weibchen verspeist.

Abb. 257 Weibchen von *P. subfusca* mit Kokon.

Zum Abschluss sei darauf verwiesen, dass es sich bei *P. subfusca* um keine Anfängerspinne handelt. Die Tiere bestechen zwar durch ihre hübsche Färbung und mögen auch aufgrund ihrer hervorragenden Eignung zur Gruppenhaltung zum Kauf reizen. Insbesondere Jungtiere sind jedoch außerordentlich heikel und verzeihen keine Haltungsfehler. Darüber hinaus ist die

Nachzucht von *P. subfusca* sehr schwierig. Ein Anfänger ist mit einer anspruchsloseren Art wie *P. regalis* sicherlich besser bedient.

Bedrohungssituation

Infolge intensiven Teeanbaus während der letzten 150 Jahre ist im Hochland Sri Lankas nur noch wenig vom ursprünglichen Bergregenwald erhalten. Viele Waldgebiete sind entweder gänzlich verschwunden oder zu Sekundärwald degradiert (SMITH 2003). Zudem stellen illegale Abholzung und zunehmender Ackerbau weitere ernstzunehmende Bedrohungen für Sri Lankas Bergregenwälder dar. Große Flächen wurden in den 70er Jahren gerodet und in Kulturflächen für Kartoffeln und andere Nutzpflanzen umgewandelt.

Zudem wird in verbliebenen Waldgebieten vielfach Zimt angebaut. Dabei scheint es gängige Praxis zu sein, das Unterholz zu entfernen und durch Zimtpflanzen zu ersetzen. Nach außen hin wirkt ein derart veränderter Wald noch natürlich, tatsächlich hat er aber einen Großteil seiner Biodiversität verloren (WWF 2001). Auch für *Poecilotheria*-Populationen bieten solche Zimtkulturen kaum noch hinreichende Lebensbedingungen.

Glücklicherweise wurde ein Gutteil des verbliebenen Montanregenwaldes mittlerweile unter staatlichen Schutz gestellt. Daher sollte der Fortbestand von *P. subfusca* eigentlich langfristig gesichert sein.

In der letzten Zeit bereitet allerdings ein rätselhaftes Waldssterben in den Horton Plains, einem der fünf geschützten Bergregenwaldgebiete, Grund zur Sorge um den Fortbestand dieses einzigartigen Ökosystems.

Herkunft	*Zentral Sri Lanka, Hochland*
Terrariengröße	*20 x 20 x 35 cm*
Bedrohungsituation	*Bedroht*
Zucht	*Schwierig*
Von der Art bewohnte Klimazone	*Kühles, axerisches Klima*
Von der Art bewohnter Waldtyp	*Montanregenwald*
Für Anfänger geeignete Art	*Nicht für Anfänger geeignet*
Terrarienklima	*25 °C, über 80% rLf*
Höhenlage	*Bis über 2000 m*
Erhältlichkeit im Zoohandel	*Selten erhältlich*
Etymologie	*sub = unten, fuscus = dunkel*
Synonyme	*Poecilotheria bara CHAMBERLIN, 1917*
Lokale Namen	*Divimakulawa, Diamakulu*
Eignung der Art zur Gruppenhaltung	*Auch noch über das erste Lebensjahr gut möglich. Bei adulten Tieren kann es allerdings zu Komplikationen kommen*

Tabelle 16: Steckbrief *Poecilotheria subfusca.*

Poecilotheria tigrinawesseli SMITH, 2006

Einleitung

Diese Vogelspinnenart zeigt trefflich, wie unzulänglich die Erforschung der Biodiversität tropischer Länder bisher vorangeschritten ist. Obwohl sich ihr Verbreitungsgebiet über einen Gutteil Ostindiens erstreckt, wurde *Poecilotheria tigrinawesseli* erst im Jahr 2004 entdeckt und 2006 als neue Art beschrieben. Da bleibt natürlich zu hoffen, dass es sich nicht um die letzte neue Art handelt, die der Gattung *Poecilotheria* hinzugefügt werden konnte.

Abb. 258 Adultes Weibchen von *P. tigrinawesseli.*

Habitus und Systematik

Weibchen: Mit bis zu 7 cm Körperlänge zählt *P. tigrinawesseli* zu den größeren *Poecilotheria*-Arten. Zudem sind die Tiere recht gedrungen gebaut, ähnlich *P. miranda*, was ihnen einen sehr massigen Eindruck verleiht.

Äußerlich zeigen sie starke Ähnlichkeit mit den Arten *P. formosa* und *P. miranda*, deren Verbreitungsgebiete sich südlich und nördlich an das von *P. tigrinawesseli* anschließen. Anhand der Ventralzeichnung ihrer Beine und Taster lässt sich *P. tigrinawesseli* aber zweifelsfrei von *P. formosa* und *P. miranda* unterscheiden. Bei *P. miranda* nehmen die schwarzen Streifen auf den Femuren beinahe die gesamte Fläche des Beinsegments ein, bei *P. tigrinawesseli* nur etwa die Hälfte. Von *P. formosa* lässt sich *P. tigrinawesseli* anhand eines durchgehenden schwarzen Streifen auf der Ventralseite des Femur IV unterscheiden, der bei *P. formosa* unterbrochen ist. Ferner verfügt *P. formosa* über ventrale weiße Flecken auf den Patellen der Taster, die bei *P. tigrinawesseli* schwarz sind. Ein weiteres sicheres Erkennungsmerkmal von *P. tigrinawesseli* ist eine T-förmige, weiße Fläche im hinteren Drittel des Dorsalschildes, direkt hinter der Thoraxgrube.

Männchen: Männliche *P. tigrinawesseli* bleiben mit nur knapp 4 cm Körperlänge deutlich kleiner als Weibchen. Sie zeigen oberseits starke Ähnlichkeit mit *P. miranda*-Männchen, sind aber insgesamt dunkler gefärbt.

Nymphen: Junge Nymphen lassen sich kaum von Jungtieren der Arten *P. formosa*, *P. metallica* und *P. miranda* unterscheiden.

P. tigrinawesseli dürfte insbesondere mit *P. miranda* sehr nah verwandt sein. Dafür sprechen sowohl die Genitalmorphologie als auch der Aufbau des Stridulationsorgans. Außerdem zeigen beide Arten fast identische ökologische Ansprüche. Ferner dürften *P. metallica* und *P. formosa*, mit denen sie das zweite Larvenstadium gemein hat, zur näheren Verwandtschaft von *P. tigrinawesseli* zählen.

Abb. 259+260 Adultes Männchen von *P. tigrinawesseli* (oben). Juvenile *P. tigrinawesseli* (unten).

Aber auch eine Ähnlichkeit mit den Arten *P. regalis* und *P. striata* kann nicht abgestritten werden. Die Genitalmorphologie von *P. tigrinawesseli* ähnelt der dieser beiden Arten sehr stark. Zudem verfügt *P. tigrinawesseli* über eine annähernd gleiche Beinmusterung wie *P. regalis* und *P. striata*. *P. tigrinawesseli* trägt lediglich Weiß anstatt Gelb als Warnfarbe unter den Vorderbeinen. Wer sich noch an die eingangs erwähnte Satpura-Hypothese erinnert (Kapitel "Geologie Indiens und Sri Lankas"), wird vielleicht die mögliche verwandtschaftliche Verbindung zwischen diesen drei Arten erkennen. Die Satpura Hills vereinigen den Lebensraum von *P. regalis* im Westen Indiens mit dem von *P. tigrinawesseli* und *P. miranda* im Osten. Sollten die Satpura Hills tatsächlich als Artensprungbrett zwischen Ost- und Westindien

fungiert haben, so ist eine nahe Verwandtschaft zwischen den *Poecilotheria*-Arten in beiden Landesteilen durchaus denkbar.

Lebensraum

Poecilotheria tigrinawesseli bewohnt den feuchten laubabwerfenden Wald entlang der Eastern Ghats an der Ostküste Indiens. Hier finden sich die Tiere in Höhenlagen zwischen etwa 200 und 1000 m.

Poecilotheria tigrinawesseli wurde von uns bereits in drei indischen Bundesstaaten nachgewiesen (Andhra, Pradesh, Orissa, Chattisgarh). Der Lebensraum von *P. tigrinawesseli* befindet sich in feuchten typisch tropischen Zonen. Zwar gibt es hier eine recht lange Trockenzeit, dafür fallen im Süd-West-Monsun große Regenmengen. Der grundlegende Jahresgang des Klimas ist mit dem im Lebensraum von *P. miranda* vergleichbar. Der Winter ist kühl und trocken und mit dem einsetzenden Prämonsun steigen die Temperaturen. Schließlich beginnt im Südwest-Monsun die Regenzeit. Die von *P. tigrinawesseli* bewohnten Bäume sind verhältnismäßig dick und hochwüchsig. Daher bieten sie nach unseren Beobachtungen auch Platz für mehrere Spinnen auf einem Baum. Ob diese auch gemeinschaftlich eine Höhle bewohnen, ist noch unklar aber wahrscheinlich. Die Wohnhöhlen der Tiere konnten sowohl knapp über dem Boden, als auch in Höhen von gut 15 m entdeckt werden.

Abb. 261 Verbreitungskarte von *P. tigrinawesseli.*

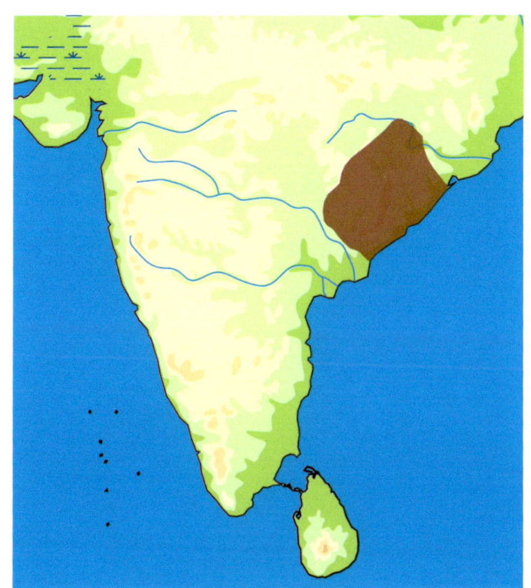

Abb. 262 Der Lebensraum von *P. tigrinawesseli* während der Regenzeit.

Lebensweise

Die Lebensweise von *P. tigrinawesseli* unterscheidet sich nicht wesentlich von der von *P. miranda.* Jedoch scheinen adulte *P. tigrinawesseli*-Weibchen vorwiegend solitär zu leben. In Gruppen konnten sie noch nicht entdeckt werden.

Poecilotheria tigrinawesseli und der Mensch

Aufgrund ihrer vermeintlich tödlichen Giftigkeit werden *P. tigrinawesseli* von vielen Menschen in ihrem Lebensraum gefürchtet und bei einer Begegnung sofort erschlagen. Erfahrungsgemäß basiert diese Einstellung aber auf alten Legenden, in denen wenig Wahrheit steckt. Auch wird diese Ansicht nicht von jedem Einwohner des Lebensraumes von *P. tigrinawesseli* geteilt. Davon konnten wir uns im Gespräch mit Adivasis überzeugen, die uns bei der Suche nach *P. tigri-*

nawesseli tatkräftig zur Seite standen. Sie hatten zwar Respekt, aber keine Angst vor den Spinnen. Nach ihren Aussagen sei der Biss einer "Tigerspinne" von Krämpfen begleitet und sehr schmerzhaft, aber keineswegs tödlich.

Interessant sind aber nicht nur die verschiedenen Reaktionen, die den Spinnen in ihrer Heimat entgegengebracht werden. Auch die unterschiedliche Namensgebung, die den Spinnen in ihrem Lebensraum zuteil wird, ist nennenswert. Man kennt sie z. B. als Pulli balli, Pulli gonjeri, Sali purgo oder Purgosa. Im Endeffekt bedeuten aber wohl alle diese Namen "Tigerspinne" in den verschiedenen Sprachen.

Bedrohungssituation

Etwa Dreiviertel des natürlichen Lebensraumes von *P. tigrinawesseli* wurde bereits entwaldet. Viele der verbliebenen Waldareale sind mittlerweile stark fragmentiert. Und noch immer fallen große Waldgebiete in den Eastern Ghats der Axt zum Opfer. Aber selbst Wälder, die auf den ersten Blick einen naturbelassenen Eindruck machen, stellen sich häufig als völlig ungeeignete Lebensräume für die großen Vogelspinnen heraus. Nicht selten wird so genannter „ökologischer Kaffeeanbau" betrieben. Das bedeutet, ein Großteil des Unterholzes, sowie viele alte hohle Bäume eines Waldes werden entfernt und an ihrer Stelle Kaffeesträucher und Teakbäume gepflanzt. In derart umgewandelten Wäldern findet sich leider keine *Poecilotheria* mehr, auch wenn nach außen der Schein einer ökologisch verträglichen Anbaumethode gewahrt bleibt.

Glücklicherweise sind noch einige wenige große Blöcke naturbelassenen Waldes in den Eastern Ghats erhalten (WWF 2001). Ob *P. tigrinawesseli* hier aber tatsächlich vorkommt, ist bisher nicht

Abb. 263+264 *Poecilotheria tigrinawesseli* Weibchen mit Kokon. Zur Nachzucht dieser Art sind eine Trockenperiode und Winterruhe empfehlenswert.

nachgewiesen. An den uns bekannten Fundorten dieser Tiere sind ihre Lebensräume bis auf wenige bewaldete Hügelketten zusammengeschrumpft. So gehört *P. tigrinawesseli* trotz ihres recht großen Verbreitungsgebietes sicher zu den bedrohten *Poecilotheria*-Arten.

Zumindest bieten die in ihrem Lebensraum anzutreffenden Cashewplantagen den Spinnen kleine Rückzugsgebiete mit annehmbaren Bedingungen. Allerdings reichen einige kleine Cashewnusspflanzungen sicher nicht aus, um den Erhalt einer Art auf Dauer zu gewährleisten.

Haltung und Zucht im Terrarium

Poecilotheria tigrinawesseli lässt sich unter den gleichen Bedingungen wie *P. miranda* halten und züchten. Nur die Haltungstemperaturen sollten geringfügig höher sein.

Allerdings reagieren die Tiere häufig etwas aggressiver als die ruhigen *P. miranda*. Deshalb gilt es immer sehr vorsichtig mit ihnen umzugehen.

P. tigrinawesseli eignen sich gut für eine Gemeinschaftshaltung. Bisherige Vergesellschaftungsexperimente sind überaus positiv ausgefallen, und sogar als Adulti konnten die Tiere noch problemlos zusammen gehalten werden. Dabei ist zu beachten, dass diese Tiere schon ab dem ersten Nymphenstadium gemeinsam gepflegt wurden. Ob eine Vergesellschaftung auch funktioniert, wenn halbwüchsige Tiere zusammengesetzt werden, können wir derzeit nicht sagen. Zudem basieren unsere Erfahrungen auf zu wenigen Versuchen, um Kannibalismus unter den Tieren mit Gewissheit ausschließen zu können.

Herkunft	*Ostindien, Eastern Ghats*
Terrariengröße	*20 x 30 x 40 cm*
Bedrohungsituation	*Bedroht*
Zucht	*Schwierig*
Von der Art bewohnte Klimazone	*Feuchtwarmes, typisch tropisches Klima*
Von der Art bewohnter Waldtyp	*Feuchter laubabwerfender Wald*
Für Anfänger geeignete Art	*Ja*
Terrarienklima	*28 °C, ca. 80% rLf*
Höhenlage	*500 m*
Erhältlichkeit im Zoohandel	*Gelegentlich*
Etymologie	*Kombination aus tigrina (= getigert) Namensgebung nach* KREHENWINKEL, KROES, MAERKLIN *(2005) und dem Namen des Entdeckers, Henrik Wessel Frank*
Synonyme	-
Lokale Namen	*Andhra Pradesh: Pulli balli, Sali purgo, Purgosa, Pulli gonjeri* *Orissa: Bagha koili, Mukurra, Chattisgarh: Duballo, Kudh bagh*
Eignung der Art zur Gruppenhaltung	*Im ersten Lebensjahr noch gut möglich, danach vermutlich ebenfalls gut geeignet.*

Tabelle 17: Steckbrief *Poecilotheria tigrinawesseli*

Poecilotheria uniformis STRAND, 1913

Alles was über *Poecilotheria uniformis* (Foto s. Seite 26) bekannt ist, steht in den 1913 und 1915 von EMBRIK STRAND veröffentlichten Beschreibungen. Seit dieser Zeit sind keine weiteren Exemplare dieser Vogelspinnenart aufgetaucht. Sie wird demnach nur durch das im Senckenbergmuseum Frankfurt hinterlegte Typusmaterial repräsentiert, welches aus zwei Weibchen und zwei Männchen besteht. Die Beschreibungen der Tiere geben leider nicht allzu viele Informationen preis. Obwohl der Erstbeschreiber sich vor allem an Farbmerkmalen orientiert, fehlt es bedauerlicherweise an Hinweisen zum Zeichnungsmuster der Exemplare. Leider ist infolge von Einwirkungen des Konservierungsmittels heutzutage fast nichts mehr von der ursprünglichen Färbung und Zeichnung erhalten. Die Typusexemplare sind überwiegend rotbraun und vielleicht einmal vorhandene Zeichnungsmuster lassen sich, bis auf das Folium der Weibchen, nicht mehr erkennen.

Schwierigkeiten bereitet zudem die Angabe des Typusfundortes, der lediglich mit Ceylon, dem heutigen Sri Lanka, benannt ist. Eine exaktere Fundortangabe wäre natürlich sehr hilfreich und könnte helfen abzuklären, ob *P. uniformis* womöglich bereits unter einem anderen Namen beschrieben wurde.

Nach Begutachtung des Typusmaterials lässt sich zumindest annehmen, dass *P. uniformis* sehr nah mit *P. subfusca* verwandt ist. Ebenso wie diese hat sie einen filigran gebauten Bulbus, den innerhalb der Gattung *Poecilotheria* nur diese beiden Arten aufweisen. Und auch die Struktur des Embolus deckt sich mit der bei *P. subfusca*.

Eine von STRAND (1913 & 1915) gemutmaßte Verwandtschaft zu *P. vittata* lässt sich nach gegenwärtigem Kenntnisstand ausschließen. *P. vittata* ist mittlerweile ein Synonym von *P. striata* (KIRK 2001).

Herkunft	*Sri Lanka*
Terrariengröße	-
Bedrohungsituation	-
Zucht	-
Von der Art bewohnte Klimazone	-
Von der Art bewohnter Waldtyp	-
Für Anfänger geeignete Art	-
Terrarienklima	-
Höhenlage	-
Erhältlichkeit im Zoohandel	*Nicht erhältlich*
Etymologie	*Uniformis = einförmig*
Synonyme	-
Lokale Namen	-
Eignung der Art zur Gruppenhaltung	-

Tabelle 18 Steckbrief *Poecilotheria uniformis*

Danksagung

Folgenden Personen sei für ihre Hilfe und Unterstützung bei der Erstellung des Buches herzlich gedankt:

Martin Huber (Essen) für die kritische Durchsicht des Manuskriptes, Peter Klaas (Köln) für Informationen zum Lebensraum verschiedener *Poecilotheria*-Arten auf Sri Lanka und das schöne Titelfoto einer *Poecilotheria metallica*. Theo Clazett (Kalkar) für die Vermittlung des Verlages. Daniel Schindler (Marl) sei herzlich für seine Hilfe bei der Fotografie und Pflege von Spinnen gedankt, Andrew Smith (London) für Informationen zum Lebensraum verschiedener *Poecilotheria*-Arten in Indien und auf Sri Lanka. Rick West (Victoria B.C., Kanada) steuerte dankenswerterweise Bilder vom Lebensraum von *P. striata* bei.

Björn Beyer (www.top-wetter.de) stellte freundlicherweise Klimadiagramme von Indien und Sri Lanka zur Verfügung. Frank Schneider (Ludwigshafen) sei für Abbildungen von Vogelspinnenkrankheiten gedankt, Thorsten Trapp (Olpe) für Informationen zum Lebensraum von *P. fasciata*, Mario Wolf (Velden am Wörthersee) für Bilder einer Verpaarung von *Poecilotheria metallica* und Thomas Köstler (Furth im Wald) für Informationen zur Nachzucht von *Poecilotheria smithi*.

Frau Elke Köhler vom Herpeton Verlag sei für ihre Geduld und die Möglichkeit dieses Buch zu veröffentlichen ein herzlicher Dank ausgesprochen. Ganz besonders möchten wir unseren Eltern und Ehefrauen danken, die unser nicht ganz alltägliches Hobby immer tatkräftig unterstützt und gefördert haben.

Literaturverzeichnis

AUER, H.-W., M. HUBER & A. BOCHTLER (2007): Die Gattung *Tapinauchenius* AUSSERER, 1871 im Portrait. - Arachne 12(2): 4-39.

BEYER B. (2006): Klimadiagramme Asien. - http://www.top-wetter.de/klimadiagramme/asien.htm.

BRONGER, D. (1996): Indien: Größte Demokratie der Welt zwischen Kastenwesen und Armut. - Justus Perthes Verlag, Gotha.

CAPPELLETTI, A. & G. VISIGALLI (2004): What every veterinarian needs to know about giant spiders. - Exotic DVM Veterinary Magazine 5.6: 36-45.

CHAMBERLIN, R. V. (1917): New spiders of the family Aviculariidae. - Bull. Mus. comp. Zool. 61: 25-75.

CHARPENTIER, P. (1996): The illustrated redescription of *Poecilotheria rufilata* POCOCK 1899. - Exothermae Magazine No. 0: 14-24.

CHARPENTIER, P. (1997): A new species of *Poecilotheria* from Sri Lanka: *Poecilotheria pococki*, sp. n. - Exothermae Magazine No. 1: 21-33.

Center for Remote Sensing (1981): Sri Lanka forest cover. - Colombo.

Cites-Convention On International Trade In Endagered Species Of Wild Fauna And Flora (2000): inclusion of all species in the genus *Poecilotheria* in Appendix II http://www.cites.org/eng/cop/11/prop/52.pdf.

DAS GUPTA, SIVAPRASAD (1976): Atlas of forest resources of India. - National Atlas Organisation, Calcutta.

FAO- food and agriculture organization of the united nations (2001): FRA 2000 Forest resources of Sri Lanka Country report. - http://www.fao.org/documents/show_cdr.asp?url_file=/docrep/007/ad678e/AD678E04.htm.

FOELIX, R. F. (1996): Biology of spiders. - Oxford University Press, New York.

GABRIEL, R. (2002): Notes and observations regarding the bite of *Poeciotheria pederseni*. - Br. Tarantula Soc. Journal 17(2): 61-64.

GARWALA, VED P. (1985): Forests in India: environmental and production frontiers. - Oxford IBH Publ., New Delhi.

HÄNI, L. (2006): Sozialverhalten und Wachstum von Vogelspinnen in Gesellschaftshaltung- Maturaarbeit im Fach Biologie.

HÖFLER, S. (1996): Auswirkungen eines Bisses von *Poecilotheria fasciata* (LATREILLE, 1804) - Arachnol. Magazin 4(7):8-10.

JACOBI, M. (2005): Andrew Smith Interview - Arachnoculture, Vol 1 No.2 May 2005.

KARL, S. (1998): Vergesellschaftung von Vogelspinnen? - Mitteilungen der DeArGe 11: 3-4.

KIRK, P.(1991): Identification Of five species of *Poecilotheria* - Br. Tarantula Soc. J. 6 (3).

KIRK, P. (1996): A new species of *Poecilotheria* (Araneae: Theraphosidae) from Sri Lanka. - Br. Tarantula Soc. J. 12: 20-30.

KIRK, P. (2001): A new species of *Poecilotheria* (Araneae: Theraphosidae) from Sri Lanka - Br. Tarantula Soc. J. 16: 77-88.

KLAAS, P. (1989): Vogelspinnen im Terrarium. - Eugen Ulmer Verlag, Stuttgart.

KLAAS P. (2003): Vogelspinnen im Terrarium. - Eugen Ulmer Verlag, Stuttgart.

KOCH, C. L. (1851): Übersicht des Arachnidensystems. - Nürnberg, Heft 5, pp. 1–77.

KROES T, MÄRKLIN T. (2004): A visit in an Adivasi village and the discovery of „Kula Bindira“ (Tiger Spider), (*Poecilotheria miranda*, POCOCK 1900). - unveröffentlicht.

KULLMANN E., STERN H. (1981): Leben am seidenen Faden - die rätselvolle Welt der Spinnen. - Kindler Verlag, München.

LATREILLE, P. A. (1804). Histoire naturelle générale et particulière des Crustacés et des Insectes. - Paris, 7: 144–305.

LIESEKE H.J. (2005): Ein Erfahrungsbericht über den folgenreichen Biss einer *Poecilotheria fasciata* (LATREILLE, 1804). - Arachne.

MAYR, E. (1975): Grundlagen der Zoologischen Systematik - S. 146 Veränderungen nach dem Tode. - Paul Parey Verlag, Hamburg und Berlin.

MEHER-HOMJI, V. M. (2001): Bioclimatology and plant geography of peninsular India. - Scientific Publ., Jodhpur.

Ministry of Enviorunment and Forests- Government of India (2004): State of forest report 2003 http://www.fsiorg.net/fsi2003/index.asp.

PLATNICK, N. I. (2007): The World Spider Catalog, Version 7.0. - http://research.amnh.org/entomology/spiders/catalog/THERAPHOSIDAE.html.

POCOCK, R. I. (1895). On a new and natural grouping of some of the Oriental genera of Mygalomorphae, with descriptions of new genera and species. - Ann. Mag. nat. Hist. (6) 15: 165–184.

POCOCK, R. I. (1899a): The genus *Poecilotheria*: its habits, history and species. - Ann. Mag. nat. Hist. (7) 3: 82–96.

POCOCK, R. I. (1899b). Diagnoses of some new Indian Arachnida. Jour. Bombay nat. Hist. Soc. 12: 744–753.

POCOCK, R. I. (1900). The fauna of British India, including Ceylon and Burma. Arachnida. London, pp. 1–279.

PRATER, S.H. (2005): The book of Indian animals - Bombay Natural History Society, Mumbai, India.

RAVEN, R. (1985): The spider infraorder Mygalomorphae. - Bull. Amer. Mus. Nat. Hist. 182(1).

REICHLING, S. (2003): Tarantulas of Belize. - Krieger Publishing Company, Florida.

ROEWER C. FR. (1942): Katalog der Araneae : Bd. 1. Mesothelae, Orthognatha, Labidognatha. - 1040 S.

SAHNI, K.C. (2000): The book of Indian trees. - Oxford University Press, New Delhi.

SCHMIDT, G. (1995): Die Stellung der Gattung *Poecilotheria* im System. Arachnida (Schweiz) 3(10): 4–5.

SCHMIDT, G. (2000): Giftige und gefährliche Spinnentiere. - Westarp Wissenschaften, Hohenwarsleben.

SCHNEIDER, F. (2004): »Schaum vorm Maul«, ein alt bekannter Vogelspinnenparasit und seine Folgen. - Arachne 9(2), 2004.

SCHNEIDER, S. (2005): Krankheitsverlauf und Heilung bei einer an Vogelspinnenkrebs erkrankten *Brachypelma smithi.* - Arachne 3 : 4–5.

SEBASTIAN P.A. (2006): Common spider families from south India. - http://www.southindianspiders.com.

SIMON, E. (1885). Matériaux pour servir à la faune arachnologiques de l'Asie méridionale. I. Arachnides recuellis à Wagra-Karoor près Gundacul, district de Bellary par M. M.

Chaper. II. Arachnides recuellis à Ramnad, district de Madura par M. l'abbé Fabre. - Bull. Soc. zool. France 10: 1-39.

SLWCS- Sri Lanka Wildlife Conservation Society (2006): The three Peneplains. - http://www.slwcs.org/facts/peneplanes_map.html 3 peneplains.

SMITH, A. (1986): The tarantula classification and identification guide. - Fitzgerald Publ., London.

SMITH ET AL. (2002): Study notes on an interesting example of habitat adaption in the Sri Lankan theraphosid spider *Poecilotheria fasciata*. - Br. Tarantula Soc. J.

SMITH et al. (2003): Filed notes and observations on the highland Theraphosid spider *Poecilotheria subfusca* POCOCK (Araneae Mygalomorphae) from Sri Lanka with particular reference to habitat destruction, deforestation and low temperatures encountered. - Br. Tarantula Soc. J.

SMITH A. (2004a): A new species of the aboreal theraphosid, genus *Poecilotheria*, from southern India (Araneae, Mygalomorphae, Theraphosidae) with notes on its conservation status. - J. Brit. Tarantula Soc. 19: 48-61.

SMITH, A. (2004b): The Hanumavilasum Tiger Spider Sanctuary. - http://www.thebts.co.uk/poecilotheria.htm.

SMITH A. (2006): A new species of *Poecilotheria* from Northeast peninsular India (Araneae, Mygalomorphae, theraphosidae) with notes on its distribution and conservation status. - J. Brit. Tarantula Soc.

STRAND, E. (1913): Neue indoaustralische und polynesische Spinnen des Senkenbergischen Museums. - Arch. Naturg. 79(A6): 113-123.

STRAND, E. (1915). Indoaustralische, papuanische und polynesische Spinnen des Senckenbergischen Museums, gesammelt von Dr E. Wolf, Dr J. Elbert u. a. In Wissenschaftliche Ergebnisse der Hanseatischen Südsee-Expedition 1909. - Abh. senckenb. naturf. Ges. 36(2): 179-274.

STRIFFLER, B.F. (2003a): *Poecilotheria subfusca* POCOCK, 1895: Gemeinschaftshaltung und Nachzucht. - Reptilia Nr 38, Jahrgang 7, Ausgabe 6: 36-41.

STRIFFLER, B.F. (2003b): Vogelspinnen, Biologie & Systematik - Draco Ausgabe 16 (4/2003): 4-19.

STRIFFLER, B.F. (2005): Sociality among Theraphosids (abstract). - http://www.bio.pu.ru/win/entomol/Kipyatkov/arachno/abstracts.shtml.

STRIFFLER, B.F. (2006): Art für Art - die Indische Ornamentvogelspinne (*Poecilotheria regalis*). - Natur und Tier Verlag, Münster.

TINTER, A. (1995): Erfolg mit Vogelspinnen. - Bede Verlag, Ruhmannsfelden.

UNEP-WCMC (2000): Global distribution of original and remaining forests- http://www.unep-wcmc.org/forest/restoration/original.htm.

WAGNER (2005): Eine Einführung in die Etymologie von Gattungs- und Artnamen bei Vogelspinnen (Araneae: Theraphosidae). - Arachne 10(2):13-19.

WEHNER, R., GEHRING, W. (1995): Zoologie- Georg Thieme Verlag, Stuttgart.

WEST R. (2001): Eastern hemisphere tarantula project. - Br. Tarantula Soc. J.

WWF -World Wildlife Fund (2001): Indo Malayan ecoregions- http://www.worldwildlife.org/wildworld/profiles/terrestrial_im.html#moistbroad.

Glossar

Adhäsionskräfte – Wechselwirkung zwischen fester Fläche und einer zweiten Phase über elektrostatische Anziehung. Hier zwischen Endfuß der Skopula und Wasser

Adultus, plural **Adulti** – geschlechtsreifes Individuum

Aggregation – Versammlung

anthropogen – vom Menschen verursacht

allopatrische Verbreitung – Eine Art ist allopatrisch verbreitet, wenn sich ihr Verbreitungsgebiet nicht mit denen anderer Arten ihrer Gattung überschneidet

Alpha-Taxonomie – Zweig der Taxonomie, der sich mit der Benennung von Arten befasst

Apikal – zur Spitze hin

arider Monat – ein Monat ist arid, wenn seine durchschnittliche Niederschlagsmenge ≤ 2x Durchschnittstemperatur ist

Artepitheton – zweiter Teil eines wissenschaftlichen Artnamens, z.B. *fasciata* bei *Poecilotheria fasciata*

basal – zur Basis hin

circannual – jährlich wiederkehrend

dimorph – verschiedengestaltig/zweigestaltig

dorsal – rückenseitig

Embolus – apikales Glied des Bulbus, welches das Ende des Samenganges beinhaltet

endemisch für ein Gebiet – nur in diesem Gebiet verbreitet

Epiphyt – Aufsitzerpflanze, die auf einer anderen Pflanze – meist auf Bäumen – wächst

Etymologie – Wissenschaft von der Herkunft von Wörtern

Genus – Gattung

humider Monat – Gegenteil von arider Monat (s.o.)

interspezifisch – zwischen mehreren Arten

intraspezifisch – innerhalb einer Art

Kommensalen – Mitesser, also Tiere/Pflanzen, die von der Nahrung eines Wirtes leben, aber ohne diesen zu schädigen (dann wären es Parasiten)

Larve – zweites Postembryonalstadium nach dem Prälarvenstadium

medial – mittig

Missing link – bisher fehlendes Bindeglied, das Merkmale zweier Taxa vereinigt.

morphologisch – die Struktur und Form betreffend

Mutualismus – das Zusammenleben verschiedener Arten, zum Nutzen aller Beteiligten

Nymphe – Stadien nach dem Larvenstadium, bis zur Reifehäutung

Opisthosoma – Hinterleib

opportunistisch – Gelegenheiten ergreifend, nicht sonderlich spezialisiert

***Poecilotheria* spp.** – die Abkürzung spp. bedeutet hier alle Arten der Gattung *Poecilotheria*

polymorph – verschiedengestaltig

Prälarve – erstes Postembryonalstadium einer Spinne nach dem Schlupf aus dem Ei

Prosoma – Kopfbruststück, Vorderleib

Rumpffläche – Begriff aus der Geologie, der aufgrund von Erosionsprozessen überwiegend gleichmäßig eingeebnete Flächen beschreibt

Seta, plural Setae – kurzes steifes Haar

Sexualdichromatismus – unterschiedliche Färbung von Männchen und Weibchen einer Art

Sukzession – Abfolge

sympatrische Verbreitung – eine Art ist sympatrisch verbreitet, wenn sich ihr Verbeitungsgebiet mit dem anderer Arten ihrer Gattung überschneidet

Taxon, plural **Taxa** – eine Organismengruppe, die aufgrund von Unterschieden zweifelsfrei von anderen solchen Gruppen abgegrenzt werden kann; z. B. ist die Art *Poecilotheria regalis* oder die Familie Theraphosidae jeweils ein Taxon

Typusexemplar – bei der Beschreibung einer neuen Art, muss ein Typusexemplar festgelegt werden. Dieses Exemplar wird in einem Museum hinterlegt und dient später als Vergleichsindividuum. Es repräsentiert in seinen Merkmalen also die Art.

ventral – bauchseitig

xeromorph – an Trockenheit angepasster Bauplan

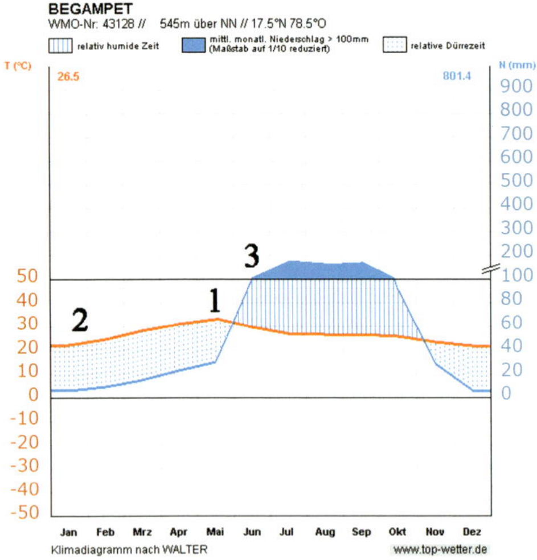

Fortpflanzungszyklus

1. Ende der trockenheißen Zeit: Paarung
2. Mitte der Trockenzeit, Beginn der heißen Jahreszeit: Kokonbau
3. Beginn Regenzeit: Jungspinnen verlassen Mutter

Abb. 265 Reproduktionszyklus einer *Poecilotheria*, am Beispiel von *P. metallica* aus Südostindien. Gegen Ende der Regenzeit findet die Paarung statt (1). Mit steigenden Temperaturen und langsam zunehmenden Niederschlägen zum Jahresbeginn bauen die Tiere ihre Kokons (2). Und mit dem Einsetzen der Regenzeit verlassen die fertigen Nymphen ihre Mutter (3).

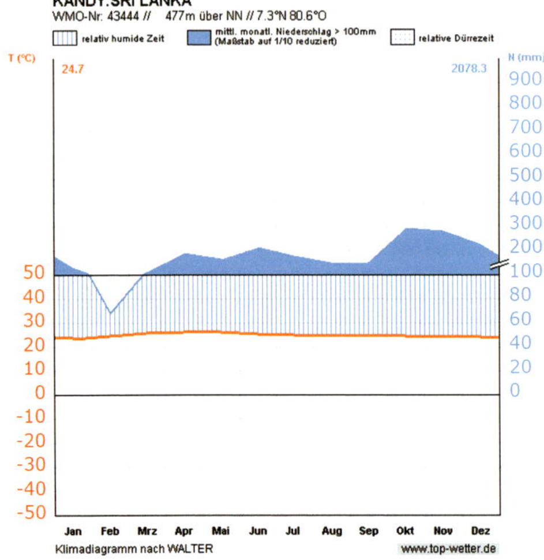

Abb. 266 Axerisches Klima im Habitat von *P. smithi* in zentral Sri Lanka. Das Klima ist über das ganze Jahr hindurch humid, aber eine relative Trockenzeit im Februar fällt dennoch auf.

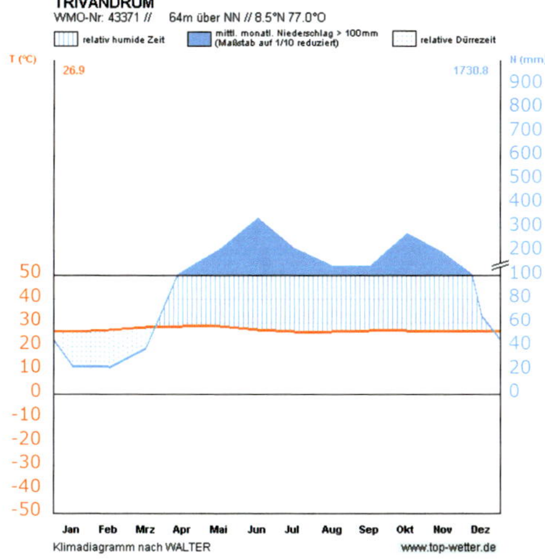

Abb. 267 Feuchtes, typisch tropisches Klima mit Herbstregen im Lebensraum von *P. rufilata* in Südwestindien. Durch die mittels Herbstregen verlängerte Regenzeit, fällt die Trockenzeit sehr kurz aus.

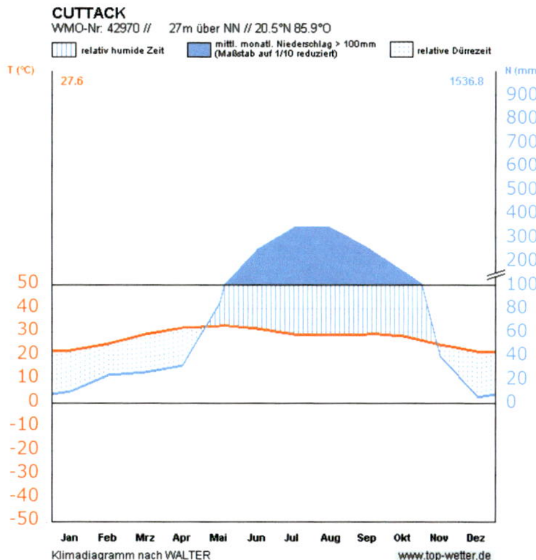

Abb. 268 Feuchtes, typisch tropisches Klima im Lebensraum von *P. miranda* in Nordostindien. Der Südwest-Monsun fungiert als einzige, aber sehr ergiebige Regenquelle. Außerdem fallen auch hier ein erheblicher Temperaturanstieg im Prämonsun, sowie eine Abkühlung zum Winter auf.

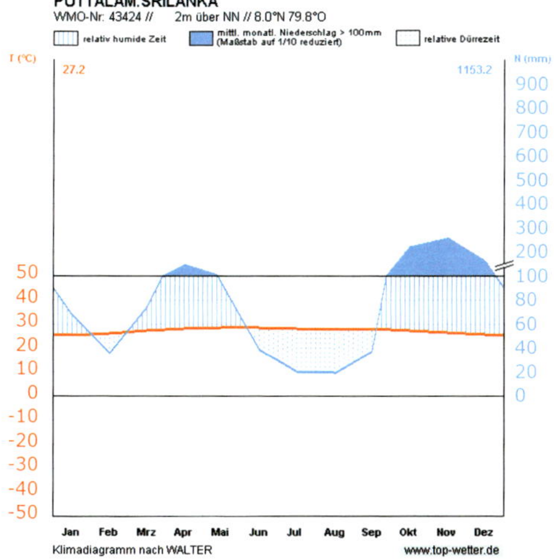

Abb. 269 Bixerisches Klima im Habitat von *P. fasciata* in Nordwest-Sri Lanka. Die zwei Regenperioden im Winter und Frühjahr sind deutlich zu erkennen.

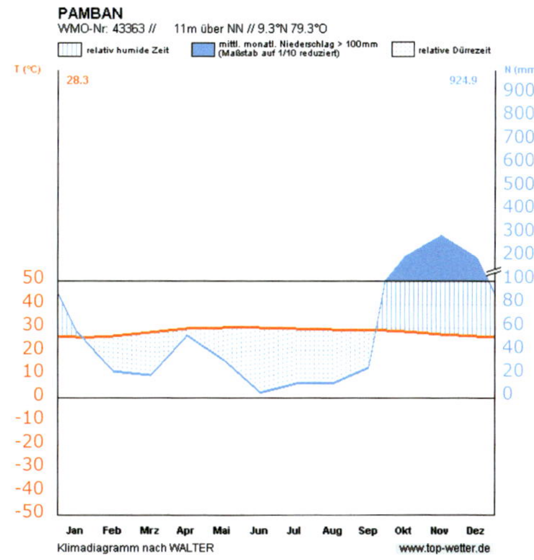

Abb. 270 Tropisch invertiertes Klima im Übergang der Habitate von *P. fasciata* zu *P. hanumavilasumica* in Nord-Sri Lanka. Lediglich der Winter bringt eine Regenzeit mit sich. Der Rest des Jahres ist arid.

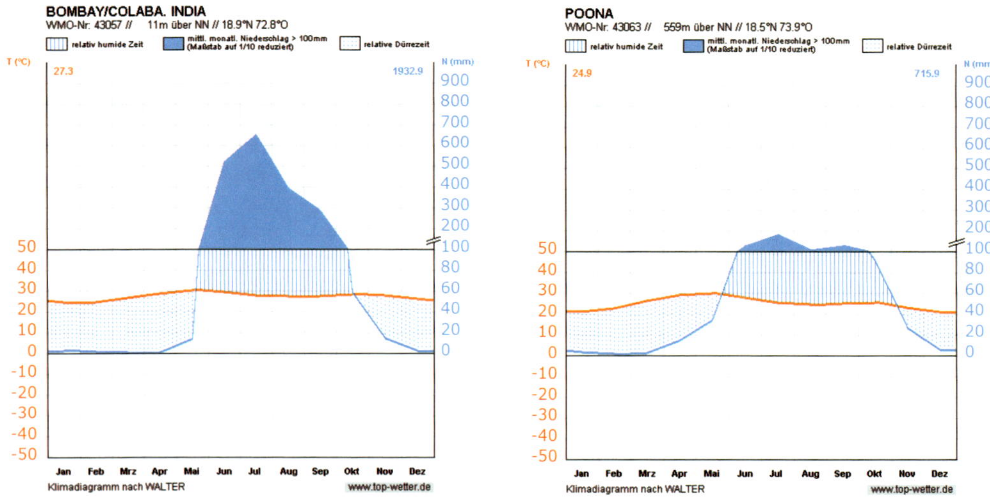

Abb. 271+272 Trockenes und feuchtes Klima im Lebensraum von *P. regalis.* Pune (rechts liegt im Regenschatten der Western Ghats, Bombay (links) auf der Regenseite des Gebirges.
Die anpassungsfähige Art *P. regalis* findet sich in beiden Klimazonen hervorragend zurecht.

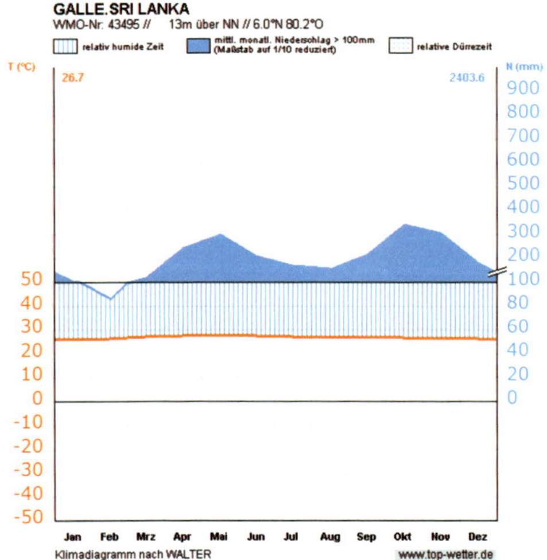

Abb. 273 Das Klima im Lebensraum von *P. ornata,* dem Südwest-Sri Lankischen Tiefland, ist feuchtwarm. Es regnet hier beinahe täglich. Lediglich im Februar und im Juli/August fällt eine relative Trockenzeit auf. In diese Phase fällt die Kokontragzeit von *P. ornata.* Dementsprechend lassen sich die Tiere im Terrarium durch die Simulation einer kurzen Trockenperiode zum Kokonbau anregen.

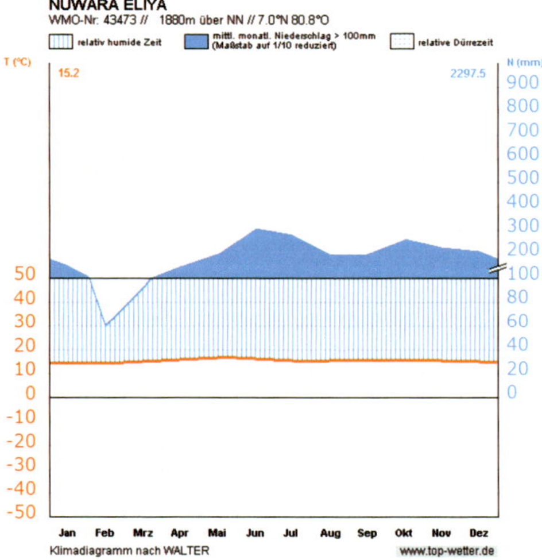

Abb. 274 Das Klima im Habitat von *P. subfusca* ist immerfeucht und kühl. Die Tiere bauen ihre Kokons während der relativen Trockenzeit und mit steigenden Temperaturen im Frühjahr. Demnach erscheint eine Winterruhe mit Trockenzeit geeignet, um die Spinnen in Gefangenschaft zum Kokonbau anzuregen.

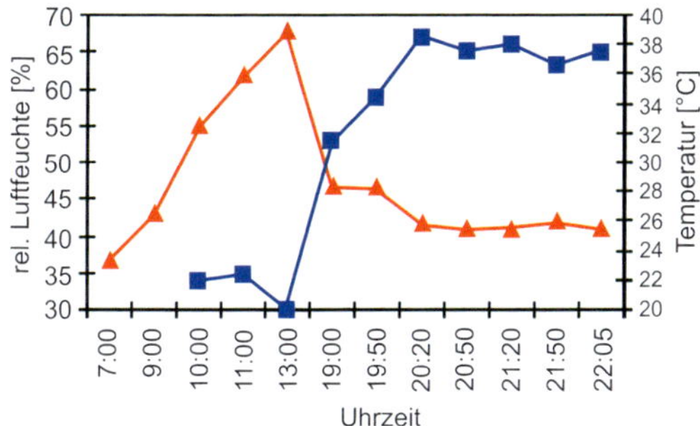

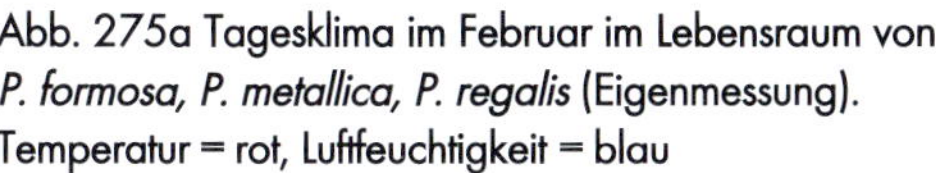
Abb. 275a Tagesklima im Februar im Lebensraum von *P. formosa, P. metallica, P. regalis* (Eigenmessung). Temperatur = rot, Luftfeuchtigkeit = blau

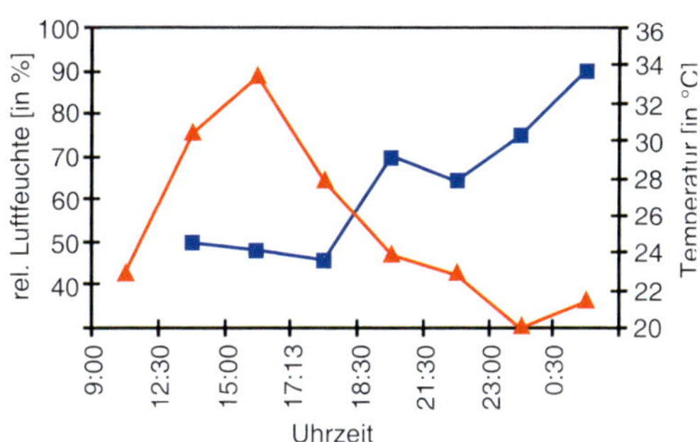

Abb. 275b Tagesklima im Februar im Lebensraum von *P. miranda* (Eigenmessung). Temperatur = rot, Luftfeuchtigkeit = blau

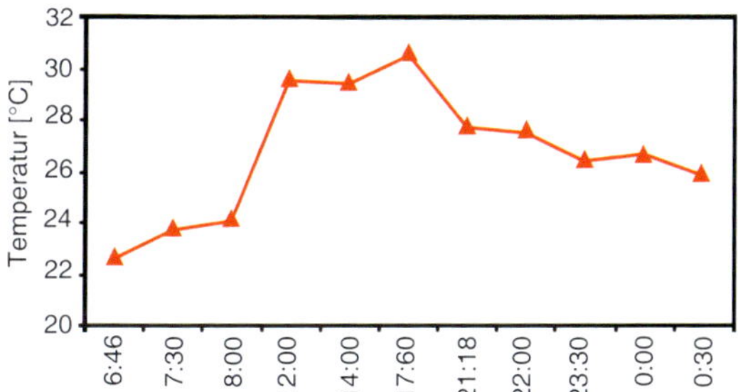

Abb. 276 Tagesgang der Temperatur im Februar im Lebensraum von *P. trigrinawesseli* (Eigenmessung).

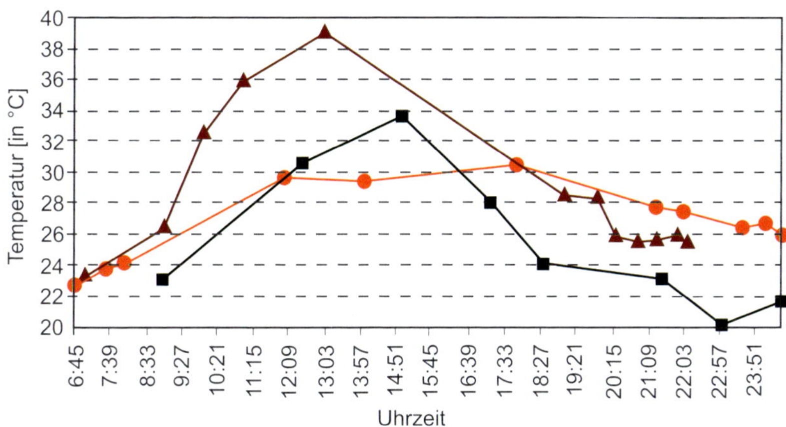

Abb. 277 Tagesgang der Temperatur im Februar in den Lebensräumen von *P. metallica* (Dreieck), *P. miranda* (Quadrat) und *P. tigrinawesseli* (Kreis).

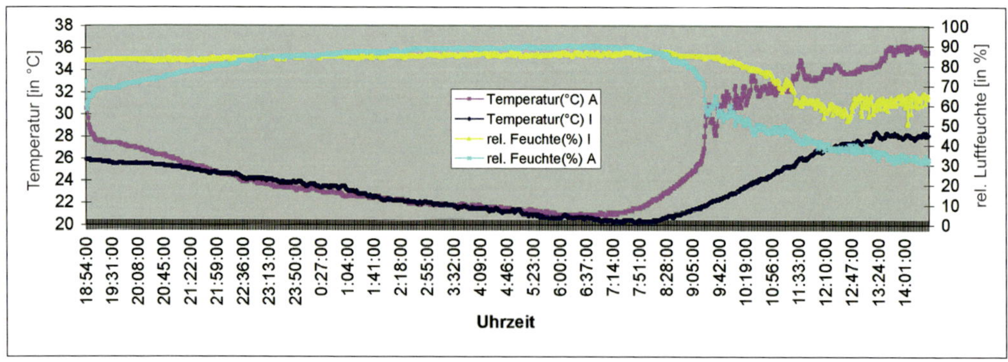

Abb. 278 Tagesgang (Eigenmessung) des Klimas innerhalb und außerhalb des Unterschlupfes einer *P. rufilata* im Februar 2006. Der Verlauf von Temperatur und Luftfeuchtigkeit ähnelt den im Lebensraum von *P. tigrinawesseli* aufgezeichneten Werten.

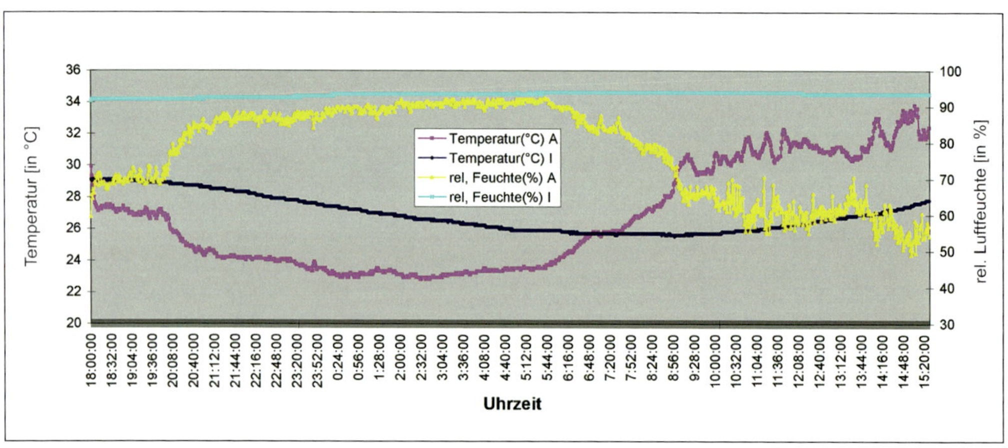

Abb. 279 Tagesgang (Eigenmessung) des Klimas innerhalb und außerhalb des Unterschlupfes von *P. tigrinawesseli* im August 2005. Während Luftfeuchtigkeit und Temperatur außerhalb der Höhle große Sprünge machen, bleiben sie innerhalb der Höhle weitgehend konstant. Die Temperatur im Unterschlupf ist merklich niedriger, als außerhalb. Bei der Luftfeuchtigkeit verhält es sich umgekehrt, sie ist außerhalb des Verstecks niedriger, als innerhalb. Das Versteck scheint einer *Poecilotheria* also ein kühles und feuchtes Klima zu sichern, auch wenn die äußeren Bedingungen ungünstig sind.

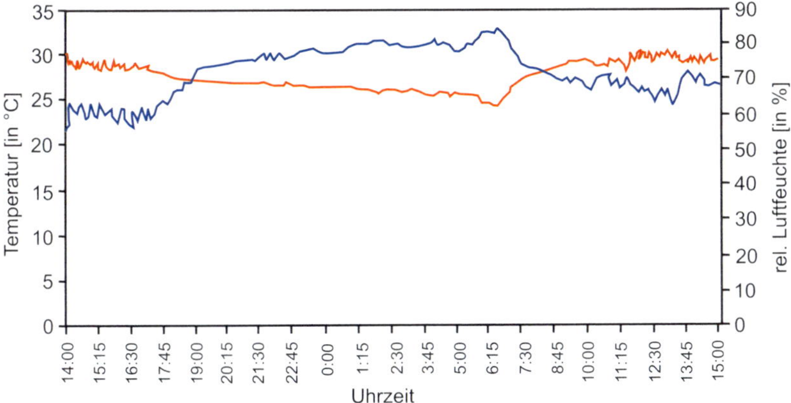

Abb. 280 Tagesgang (Eigenmessung) des Klimas im Lebensraum von *P. hanumavilasumica* im Februar. Temperatur = rot, Luftfeuchtigkeit = blau

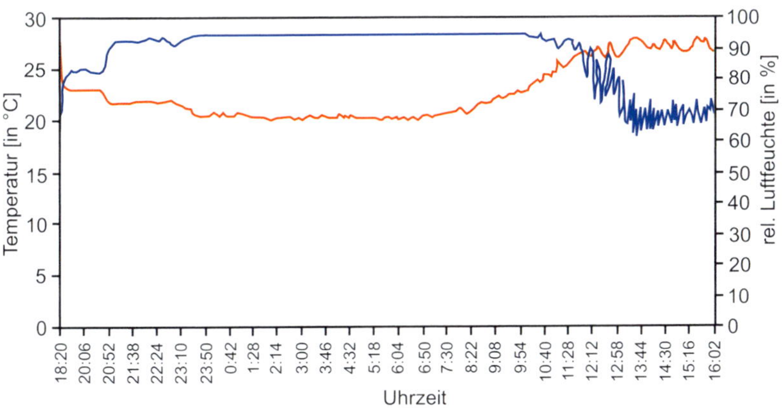

Abb. 281 Tagesgang (Eigenmessung) des Klimas im Lebensraum von *P. smithi* im Februar. Temperatur = rot, Luftfeuchtigkeit = blau

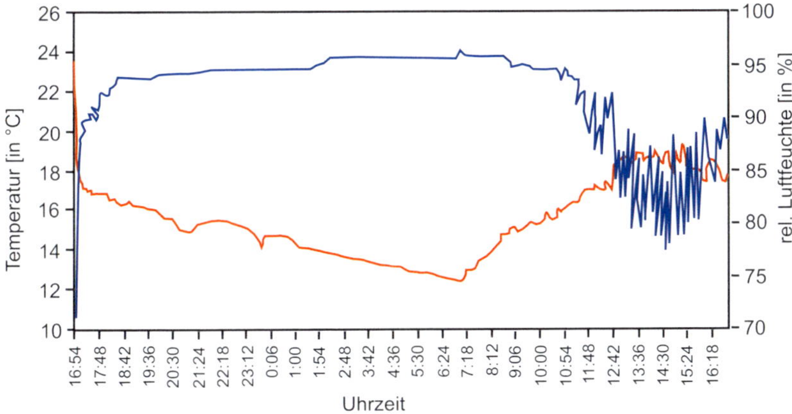

Abb. 282 Tagesgang (Eigenmessung) des Klimas im Lebensraum von *P. subfusca* im Februar. Temperatur = rot, Luftfeuchtigkeit = blau

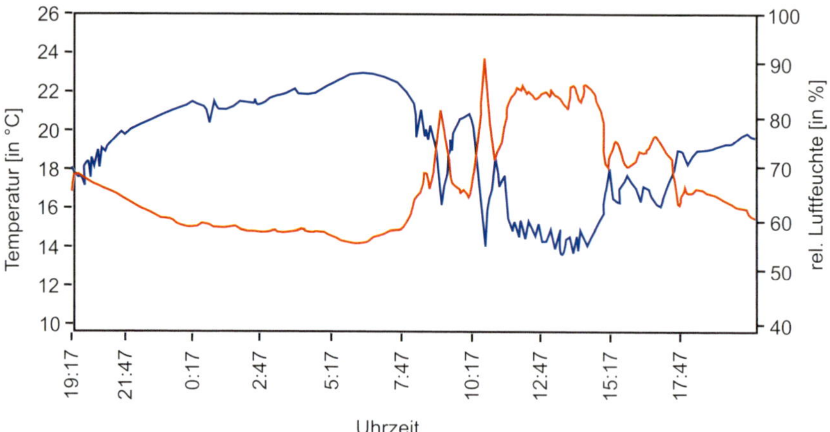

Abb. 283 Tagesgang des Klimas im Lebensraum einer *P. regalis*-Population im August in Nordost-Indien.

Register

Bildnachweise:

Peter Klaas, Köln: Titelfoto, 181

Henrik Krehenwinkel: Foto Innenseite, 1-3, 10-15, 18-20, 22-55, 56a+56b, 58, 62, 74, 76, 91, 97, 115, 116, 120-121, 123, 127-129, 141, 143, 145, 147-149, 151-152, 159-163, 165-166, 168, 172, 174, 177, 179-180, 182-183, 185-188, 191-196, 200-204, 214, 216-223, 228-233, 235-237, 241-243, 247, 249, 258-261, 263-264

Krehenwinkel & Maerklin: 8-9, 59, 66-69, 72, 78-81, 84-85, 90, 92-95, 96, 98-102, 107, 118-119, 124-125, 130, 135, 137-138, 169-171, 173, 197-199, 205-210, 215, 224-226, 234, 250, 255, 262, 275a+b, 276-284

Krehenwinkel, Kroes & Maerklin: 4-5, 61, 71, 73, 75, 77, 86-88, 122, 139

Krehenwinkel & Schindler: 108-109, 111-114, 176, 212, 213, 248

Thorsten Kroes: 7, 57, 110, 146, 158, 175, 178, 184, 190, 244, 245, 246, 256, 257

Kroes & Maerklin: 60, 64, 70, 89, 131-134, 140, 167, 189, 227, 251-254

Thomas Maerklin: 6, 21, 117, 126, 142, 144, 150, 153, 211

Daniel Schindler, Marl: 16-17, 164, 238

Frank Schneider, Ludwigshafen: 154-157

Rick West, Victoria, Canada: 239-240

Mario Wolf, Velden: 103-106

Karten:

Abbildung 82: Sri Lanka Klimakarte verändert nach: Das, I., De Silva A.(2005): A photographic guide to snakes and other reptiles of Sri Lanka – New Holland Publishers, London

Abbildung 83: Indien Waldkarte verändert nach: Prater, S.H. (2005): The book of Indian animals - Bombay Natural History Society, Mumbai, India (Karte wurde nach "Champion (1936): Indian forest records" erstellt)

Abbildung 136: Frühere und heutige Bewaldung des indischen Subkontinents verändert nach: UNEP-WCMC (2000): Global Distribution of Original and Remaining Forests- http://www.unep-wcmc.org/forest/restoration/original.htm

Abbildung 63: Karte von Gondwanaland verändert nach Wikipedia

Abbildung 65: Karte der Bergregionen Indiens verändert nach Wikipedia

Abbildung 265, 266-274: verändert nach www.top-wetter.de

Riesenvogelspinnen

Theraphosa blondi & *Theraphosa apophysis*
Hans-Werner Auer
Ca. 90 Seiten, zahlr. Farbfotos,
ISBN 3-936180-26-1
Erscheint vorauss. Sommer 2008
LVK-Preis: 14,90 EUR

Die beiden Arten der Gattung *Theraphosa* gehören zu den beliebtesten Vogelspinnen unter Liebhabern. Nicht eine außergewöhnliche Färbung oder Zeichnung macht diese Beliebtheit aus, sondern ihre imposante Größe. Vor allem *Theraphosa blondi* schlägt bei den Körpermaßen und dem Gewicht alle Rekorde unter den Spinnentieren. In diesem Buch wird die Haltung, Zucht und der natürliche Lebensraum von *Theraphosa blondi* und *Theraphosa apophysis* ausführlich beschrieben.

Der Autor, Hans-Werner Auer hält und züchtet seit 1988 Vogelspinnen der unterschiedlichsten Arten. Auf diversen Reisen in die Herkunftsgebiete der Vogelspinnen, konnte er viele Arten in ihrem natürlichen Habitat beobachten und diese Erfahrungen in die Terrarienhaltung einbringen.

Dieses Buch soll auch dem Anfänger die Scheu vor der Pflege dieser Riesen unter den Vogelspinnen nehmen. Auch wenn diese Arten aufgrund ihrer vermeintlichen Aggressivität einen mitunter schlechten Ruf unter Liebhabern haben, zeigt der Autor, dass auch die Riesenvogelspinnen sich als dankbare und sehr interessante Pfleglinge erweisen können.